CONGRÈS

DE

GRENOBLE

PARIS. — Typ. FÉLIX MALTESTE ET Cᵉ, 22, rue des Deux-Portes-Sᵗ-Sauveur.

CONGRÈS

DE LA

SOCIÉTÉ ENTOMOLOGIQUE

DE FRANCE

TENU A GRENOBLE EN 1858.

Extrait des ANNALES des 3ᵉ et 4ᵉ trimestres 1858.

A PARIS,

CHEZ LE TRÉSORIER DE LA SOCIÉTÉ,

RUE HAUTEFEUILLE, 19.

1858

CONGRÈS

DE LA

SOCIÉTÉ ENTOMOLOGIQUE DE FRANCE

TENU A GRENOBLE EN 1858.

EXTRAITS DES PROCÈS-VERBAUX DES SÉANCES.

Session extraordinaire annuelle de Paris.

(Séance du 14 Avril 1858.)

Présidence de M. le docteur BOISDUVAL.

Décision. La Société, à l'unanimité des voix, décide que la cession extraordinaire provinciale de 1858 se tiendra à Grenoble, et que les chasses entomologiques auront lieu dans les environs de Grenoble, dans les Hautes-Alpes, et principalement à la Grande-Chartreuse. L'époque précise de cette réunion sera fixée ultérieurement.

Une commission, composée de MM. le docteur Boisduval, E. Desmarest, A. Doüé et le docteur Sichel, est chargée de l'organisation de ce Congrès.

(Séance de Paris du 23 Juin 1858.)

Présidence de M. le Dr LABOULBÈNE, 2ᵉ vice-président.

Communications. M. E. Desmarest, secrétaire, fait connaître la circulaire, en date du 17 juin, qu'il a, de concert avec M. le président, adressée à plus de 250 de nos collègues, tant en France que dans les pays voisins, tels que l'Angleterre, la Belgique, l'Allemagne, la Suisse, l'Italie et l'Espagne, pour annoncer le Congrès de Grenoble, et engager le plus grand nombre possible de nos confrères à s'y rendre. Il donne également communication des répouses, à ce sujet, d'un assez grand nombre de nos membres.

— M. le Secrétaire parle également des démarches que, conjointement avec M. l'Archiviste, M. Doüé, il a fait relativement à l'excursion extraordaire dans les Alpes, et donne lecture de diverses lettres des directeurs des administrations de chemin de fer de Paris à Lyon, Lyon à la Méditerranée et du Dauphiné, d'où il résulte que les membres de la Société qui se rendront à Grenoble jouiront sur toutes ces lignes d'une réduction de moité sur les prix de transport, à partir du 3 juillet jusqu'au 5 août, et qu'il auront la faculté de scinder le parcours et de s'arrêter en route, soit en allant, soit en revenant.

Décisions. La Société décide : 1º que le Congrès de Grenoble sera ouvert le 7 juillet et durera jusque et y compris le 18 du même mois ; 2º que MM. E. Desmarest et H. Lucas étant retenus à Paris, M. le docteur Laboulbène, vice-président, remplira à Grenoble les fonctions de secrétaire.

Elle règle, en outre, l'ordre du jour de la session extraordinaire qui doit être tenue à Grenoble (voy. page 13).

(Séance de Grenoble du 7 Juillet 1858.)

Présidence de M. le docteur BOISDUVAL.

La Société se réunit à huit heures du soir, dans une

des salles de la Faculté des sciences, au Jardin botanique de Grenoble. M. le professeur Bouteille, conservateur du Musée, avait fait prendre toutes les dispositions nécessaires pour l'installation de la Société entomologique de France dans ce local, désigné pour elle par M. le Maire de Grenoble.

Vingt-six membres de la Société sont présents à l'ouverture de la séance, à laquelle assistent un grand nombre de naturalistes étrangers. Parmi eux se trouvent MM. le professeur Bouteille, conservateur du Musée, le professeur Verlot, Goumain, secrétaire général de la mairie du 12e arrondissement, Maillard, Servant, Malet, Locré, Lhuys, docteur Perréal, Plessis père et fils, Robinet, Hubert, Tronson, Fontannes, etc., etc.

M. le docteur Laboulbène, Vice-Président, remplit les fonctions de Secrétaire.

M. le Président déclare la session ouverte, puis il prononce le discours suivant :

Messieurs,

L'année dernière, à pareille époque, la Société entomologique de France se réunissait pour la première fois en session extraordinaire à Montpellier. Vous avez tous conservé le souvenir de l'accueil bienveillant dont elle fut l'objet de la part des autorités et des diverses Facultés du département. La préférence donnée à cette ancienne cité si renommée autrefois comme le centre scientifique de notre patrie, n'a dû étonner personne. N'était-ce pas là le lieu où les Sociétés de Botanique et Entomologique de France devaient faire leur premier pèlerinage ? La tradition leur avait appris que Linné, ce grand maître, le premier des naturalistes modernes, je dirais presque avec le général Dejean, *des temps passés, présents* et *futurs*, avait quitté momentanément sa chaire d'Upsal, à une époque où les moyens de transport étaient rares et difficiles, pour traverser une partie de l'Europe et venir visiter les environs de Montpellier, dont la flore et la faune sont si différentes de celles des régions du Nord. Déjà en ce temps des savants de premier ordre y enseignaient les sciences naturelles, Dodart, Gouan, Broussonnet, dont les chaires ont été successivement occupées par des hommes non moins illustres, tels que Decandolle, Delile, Dunal, etc. Nous pourrions même ajouter, si nous ne craignions de blesser la modestie de nos collègues, qu'aujourd'hui même la Faculté des sciences de Montpellier soutient dignement son antique réputation.

Grâce à la bienveillance éclairée de nos administrations de chemins de fer, la Société entomologique de France vient cette année visiter ces contrées qu'exploraient jadis Allioni et Villars, et demander l'hospitalité à cette vieille ville de Grenoble, qui a bien aussi ses souvenirs et ses parchemins, pour y tenir sa deuxième session extraordinaire.

Ici, Messieurs, au lieu d'une faune exclusivement méditerranéenne sous une température presque constante, en passant successivement par divers climats, vous rencontrerez les plantes et les insectes de l'Europe moyenne, de quelques parties de la Provence et des régions septentrionales. Dans cette belle vallée du Grésivaudan, à Allevard, vous vous croirez presque à Fontainebleau; dans les plaines au sud de Grenoble, vous retrouverez çà et là de nos vieilles connaissances de Montpellier, que vous reverrez encore dans les gorges chaudes du bourg d'Oysans en compagnie d'espèces alpines; à la Grande-Chartreuse, dans les vastes prairies qui entourent le couvent et dans ces bois de hêtres et de sapins, dont certains arbres sont si vieux qu'ils tombent de vétusté, apparaîtront les espèces propres aux montagnes alpines proprement dites, mais ce n'est que là, où la végétation frutescente disparaît, comme sur le grand Som, les montagnes du mont Lans, de Champ-Rousse, de Villars-ès-Monts, de Villars-Saint-Jean, de Saint-Christophe, du Haut-Richard, du mont Viso, du Galibier, sur les glaciers de la Grave, etc., que vous trouverez les insectes et les plantes du haut nord. Plusieurs d'entre vous, Messieurs, ont admiré plus d'une fois les beautés sauvages de ces hautes montagnes et savent sans doute mieux que moi quelle ample moisson ils rapporteront de leur voyage. Plusieurs aussi, sans avoir parcouru ces hautes régions, ont visité le couvent de Saint-Bruno et ont encore présent à la mémoire l'accueil affable et bienveillant que faisait aux voyageurs ce vénérable frère Jean-Marie, qui dort aujourd'hui du sommeil du juste sous les dalles glacées de la Chartreuse.

Les personnes étrangères aux sciences naturelles se demandent sans doute à quoi sert l'entomologie et considèrent ceux qui s'occupent de son étude comme des gens désœuvrés employant leur temps à des futilités. Nous pourrions leur répondre : *In natura nil inane,* dans la nature rien n'a été fait en vain ; vous admirez un Eléphant ou un Rhinocéros aux proportions gigantesques, et vous ne vous doutez pas que l'organisation des insectes est tout aussi compliquée et tout aussi admirable que celle de ces animaux, que leurs instincts sont en général beaucoup plus merveilleux, et que celui qui leur a donné la vie tient également et sans distinction de classe, à la conservation de l'espèce de tous les êtres, et qu'à chaque insecte comme à tout autre animal il a donné le droit de s'asseoir au banquet de la création. Leur rappellerons-nous qu'il y a certaines espèces dont l'homme a su tirer parti ? S'il n'y avait pas une Société d'apiculture, nous citerions ces Hyménoptères, connus de la plus haute antiquité, qui, au temps des Philistins, déposaient des rayons de miel dans la gueule d'un lion assommé par Samson , et qui dans l'île de Crète fournissaient le sucre destiné à édulcorer le lait de la chèvre Amalthée pour son nourrisson. Mais nous laissons à cette Société le soin d'expliquer comment les anciens et les poètes ont pu confondre avec des abeilles ces Muscides qui se nourrissent de matières animales en décomposition. Leur parlerons-nous de ces chenilles importées de la Chine et de l'Inde , qui filent nos étoffes de luxe, de ces Coléoptères vésicants qui, depuis Hippocrate jusqu'à nous, ont rendu tant de services à l'humanité, de ces Hémiptères tinctoriaux que l'on élève aujourd'hui avec succès sur les *Opuntia*, en Algérie, de cet autre *Coccus*, jadis si célèbre en médecine et servant encore maintenant à colorer cette liqueur florentine que l'on vend au poids de l'or aux voyageurs, dans le couvent de Sainte-Marie-

Nouvelle ? Nous ne leur parlerons pas d'avantage du *Cossus* des anciens, qui était pour les romains une friandise de luxe, du Charançon palmiste des Antilles, que les créoles mangent comme un mets très délicat ; des Sauterelles voyageuses dont St-Jean se nourrissait dans le désert et qu'Olivier et Bruguères ont vu vendre à la fin du siècle dernier sur les marchés de Bagdad, par sacs comme des céréales ; de cet autre insecte qui, dans les contrées arides et incultes de l'Arabie, détermine par sa piqûre sur les rameaux d'un *Tamarix* cette manne qui servit de nourriture aux Hébreux, ni même de cet Hémiptère aquatique dont les œufs sont si abondants aux bords de quelques lacs du Mexique que les indigènes les recueillent pour s'en nourrir et les conservent dans des sacs comme de la semoule. Non, mais ce que nous voudrions, c'est que l'histoire des insectes fût plus connue des gens du monde et surtout des horticulteurs et des agriculteurs, et qu'ils sussent au moins distinguer leurs ennemis de leurs amis, c'est-à-dire les espèces qui leur rendent des services de celles qui leur sont nuisibles, s'il en était ainsi, ils respecteraient ces Carabes dorés et généralement tous les Coléoptères de la même famille qui se promènent dans leurs bois, leurs champs et leurs jardins, se livrant à une chasse incessante aux lombrics, aux limaces et aux chenilles des *Agrotis*, appelées vulgairement *vers-gris*, etc. Ils respecteraient aussi religieusement ces Coccinelles, que le peuple appelle *bêtes à bon Dieu*, et dont les larves dévorent si vite les Puçerons de nos arbres fruitiers. Ils ne mettraient pas sur le compte des Fourmis la maladie de leurs pêchers quand les feuilles sont recoquevillées par les Puçerons ; ils sauraient, au contraire, que les Fourmis viennent là pour les titiller avec leurs antennes et recueillir la matière miellcuse sécrétée par ces Hémiptères, et que souvent même elles les emportent et les soignent dans leur fourmilière comme des sortes de *vaches à lait*. Ils considéreraient comme leurs meilleurs auxiliaires ces Hyménoptères qui creusent des trous dans le sable et dans la terre sèche pour y inhumer de nombreuses chenilles qui doivent servir de pâture à leur postérité, et surtout ces Ichneumonides et ces nombreuses Chalcidites qui déposent leurs œufs dans le corps même des chenilles, et dont les races s'accroissent en raison de l'abondance de ces dernières, ils sauraient en même temps que c'est au développement de ces parasites qu'il faut attribuer la disparition complète de la Pyrale de la vigne qui malheureusement depuis a été remplacée par un autre fléau qui tient à l'état pathologique, dont plusieurs de nos végétaux souffrent depuis quelques années sans qu'il ait encore été possible d'en apprécier les causes. Ils auraient constaté comme nous ce fait positif, que lorsqu'une espèce se multiplie outre mesure, les parasites se multiplient dans les mêmes proportions, de manière à ce que l'équilibre reste toujours le même dans la nature. Ils comprendraient, enfin, que ces mouches qui nous importunent en venant se réfugier dans nos habitations ont aussi leur raison d'être, que les unes ont pour mission de détruire d'énormes quantités de chenilles en déposant leurs œufs dans leur substance adipeuse, et que la plupart des autres espèces sont chargées d'anéantir les restes des matières organiques, qui, sans ce secours hygiénique, se réduiraient à leurs éléments et se répandraient en miasmes pestilentiels dans l'atmosphère. Linné a donc pu dire avec vérité que trois mouches feront disparaître plus promptement le cadavre d'un cheval, qu'un lion ne pourrait le faire en employant le même temps.

Messieurs, s'il est à désirer que les agriculteurs connaissent bien les mœurs des insectes qui leur sont utiles et dont nous venons de vous signaler seulement quelques espèces, à la hâte, il n'est pas moins nécessaire pour eux de faire connaissance avec leurs ennemis afin de les attaquer plus sûrement. Depuis longtemps ils ont observé les mœurs du *Bombyx chrysorrhée*, et le seul échenillage qu'ils pratiquent consiste à enlever, à la fin de l'hiver, ces nids que l'on aperçoit au bout des branches des arbres comme des paquets de feuilles sèches, mais ils ne font nulle attention aux espèces qui passent l'hiver à l'état d'œufs. Ils laissent inaperçus ces traînées d'œufs du *Bombyx dispar* qui ressemblent à des morceaux d'amadou appliqués sur le tronc des arbres des promenades publiques, et dont les nombreuses chenilles qui en sortent au printemps ne tardent pas à les dénuder de leurs feuilles. Nous pourrions dire la même chose du *Bombyx du Saule,* dont les paquets d'œufs se font remarquer sur le tronc des peupliers par la couleur blanche, luisante, spumeuse, des plaques qui les renferment et du *Bombyx neustrien* appelé *livrée,* dont les œufs sont disposés autour des jeunes branches de nos arbres fruitiers comme une large bague. Rien ne serait plus facile que de se préserver de la voracité des chenilles de certaines Phalènes appelées *Geometra brunaria, defoliaria et aurantiaria*, dont les femelles sont dépourvues d'ailes et ressemblent presque à des Araignées. Toutes ces espèces se métamorphosant en terre, il suffirait d'entourer le tronc des arbres, au mois de novembre, époque de l'éclosion, d'une couche annulaire de goudron de gaz pour les empêcher d'y monter et d'y déposer des milliers d'œufs qui éclosent au moment de l'évolution des bourgeons. Si l'année dernière on eût fait usage de ce procédé au bois de Boulogne, nous n'eussions pas eu, cet été, le triste spectacle de Chênes complétement dépourvus de feuilles comme au milieu de l'hiver. Il n'est encore venu à l'idée de personne de détruire ces *Cossus*, et ces Longicornes qui perforent nos plus gros arbre comme avec une tarière ; la chose n'est pourtant pas impossible, il suffirait d'injecter dans leurs trous ou sous les écorces malades une solution étendue de sulfate de cuivre. Les jardiniers pourraient facilement aussi, en détruisant ces Criocères dès qu'ils commencent à paraître, préserver les différentes espèces de Lys de la saleté et de la voracité de leurs larves. Enfin, nous voudrions ne plus entendre dire, par des agriculteurs d'ailleurs fort habiles, que leurs arbres ont reçu des *vents roux*, lorsque leurs pommiers sont enveloppés comme dans des toiles d'araignées par de nombreuses familles d'Yponomeutes qui rongent tranquillement sous leur tente le parenchyme des feuilles et les fleurs à peine épanouies, ou lorsque les fleurs de ces arbres ressemblent à des clous de girofles, parce que, dans chacune d'elle, il y a la larve d'un Anthonome dont l'œuf a été pondu avant l'inflorescence. Ou bien encore lorsque les fruits de leurs poiriers nouvellement noués prennent cette forme désignée sous le nom de *calebasse*, parce que au moment de l'épanouissement des fleurs une Cécidomyie y a déposé des œufs qui produisent ces petites larves qui rongent l'intérieur de l'ovaire et donnent aux poires rudimentaires une forme plutôt globuleuse que turbinée. Mais il faut espérer maintenant que l'histoire naturelle est enseignée partout, dans les lycées, dans les colléges, dans les séminaires et dans les hautes écoles, que ces vérités seront mieux comprises, et qu'en faisant une plus large part à l'entomologie on rendra un véritable service à l'agriculture et à l'horticulture.

Ce discours remarquable, qui met en lumière les principales applications de l'Entomologie, est plusieurs fois accueilli par des marques unanimes d'approbation.

Dès qu'il l'a terminé, M. le Président se lève et offre la présidence d'honneur à M. le professeur Bouteille, qui s'excuse d'abord et finit par accepter l'insigne honneur qui lui est décerné; mais il désire que M. le docteur Boisduval continue à diriger l'ordre de la séance et demeure Président réel.

M. le docteur Laboulbène émet le vœu que l'assemblée vote des remercîments aux organisateurs du Congrès de Grenoble et aux autorités de la ville, qui ont si dignement et si généreusement accueilli la Société entomologique de France. Cette proposition est votée par acclamations.

M. le Secrétaire donne ensuite lecture de l'ordre du jour de la session extraordinaire, arrêté à Paris par la Société dans la séance du 23 juin 1858.

ORDRE DU JOUR DE LA SESSION EXTRAORDINAIRE

Tenue à Grenoble.

CONSTITUTION DU CONGRÈS.

En vertu d'une décision prise dans la séance extraordinaire du 14 avril dernier, sur la proposition de M. le docteur Boisduval, la

Société Entomologique de France se réunit en session extraordinaire à Grenoble, le 7 juillet 1858.

Composition du Bureau.

MM. le docteur Boisduval, *Président*.

le docteur Laboulbène, *Vice-Président*, remplissant les fonctions de *Secrétaire*.

Léon Fairmaire, *Trésorier-Adjoint*.

Doüé, *Archiviste*.

La durée de la session extraordinaire, tenue à Grenoble en 1858, est de douze jours, à partir du 7 juillet jusques et y compris le 18 du même mois.

Pendant le Congrès, plusieurs excursions seront dirigées dans les environs de Grenoble ainsi que dans les Hautes-Alpes.

Il sera tenu deux séances dans l'une des salles de la Faculté des Sciences :

La première, le 7 juillet, à huit heures du soir ;

La seconde, le 18 juillet également à huit heures du soir.

Les personnes étrangères à la Société, et présentées par un de ses membres, seront admises aux excursions et aux séances.

Ordre du jour de la première séance.

1° Lecture des noms de MM. les membres de la Société Entomologique et des personnes assistant à la séance ;

2° Lecture de la correspondance ;

3° Réception des ouvrages offerts à la Société ;

4° Lecture de mémoires et travaux scientifiques ;

5° Communications verbales ;

6° Discussion sur la direction à donner aux excursions.

Ordre du jour de la seconde séance.

1° Lecture et vote du procès-verbal de la séance précédente ;

2° Lecture des noms de MM. les membres et des personnes assistant à la séance.

3° Lecture de la correspondance.

4° Compte-rendu des excursions faites par la Société entre les deux séances ;

5° Lecture de mémoires et travaux scientifiques ;

6° Communications verbales ;

7° Lecture et vote du procès-verbal de la seconde séance.

Dispositions communes aux deux séances.

Le peu de temps dont les sociétaires présents à Grenoble pourront disposer, à l'effet de se réunir en séances pendant le Congrès, dont le but principal est l'exploration des montagnes alpines et l'examen des travaux entomologiques, ne permettent pas de s'occuper des questions qui peuvent être soumises à la Société dans ses séances ordinaires, les présentations de candidats et toutes les propositions étrangères au but de cette session, purement explorative et scientifique, seront renvoyées à l'examen de la Société à Paris.

———

M. le Secrétaire lit les noms de Messieurs les membres de la Société ayant écrit qu'ils assisteraient à la session extraordinaire tenue à Grenoble. Il fait ensuite connaître les noms des naturalistes qui assistent à la séance et qui ont signé la feuille de présence déposée sur le bureau.

Correspondance. Lettre de M. E. Desmarest, Secrétaire de la Société, retenu à Paris, et témoignant de ses vifs regrets de ne pouvoir remplir ses fonctions ordinaires à Grenoble.

Sur la proposition de M. Bruand d'Uzelle, la Société charge M. le Secrétaire de témoigner à M. E. Desmarest sa vive sympathie.

— Lettre de M. Henri Delamain, qui écrit de Jarnac, qu'un accident imprévu, lui rendant la marche impossible, l'empêche de pouvoir prendre part au Congrès.

Lectures. M. Bruand d'Uzelle lit un travail sur plusieurs espèces de Lépidoptères : *Phlogophora scita, Sericoris atrana* et *Gelechia vicinella.*

— M. le docteur Laboulbène fait connaître ses recherches anatomiques sur les organes que les *Malachius* font sortir chaque de côté de leur corps, près du thorax, et qui sont vulgairement connus sous le nom de *Cocardes rouges.*

— Le même membre fait ensuite passer sous les yeux de la Société, une longue suite de dessins représentant les organes internes des Lépidoptères. Ces recherches ont pour but, dit M. Laboulbène, de servir de matériaux à l'anatomie des Lépidoptères que prépare mon vénéré maître, M. Léon Dufour. Je m'estimerai heureux de lui servir de manœuvre. Je prie mes collègues de penser à moi pendant les excursions de ce congrès, et de vouloir bien me réserver les Lépidoptères dont les ailes usées par le vol n'enrichiraient pas leurs collections. Ils seront utilisés soigneusement pour des recherches anatomiques.

Communications. M. le docteur Kraatz donne quelques

détails sur les insectes Coléoptères pris dans une excursion faite ce jour même à Saint-Nizier.

M. L. Fairmaire ajoute plusieurs particularités à la communication de M. Kraatz.

— M. Bruand d'Uzelle annonce qu'il a trouvé la *Tortrix dumicolana*, Zeller, espèce nouvelle pour la Faune française. Il l'a prise à Parizet, dans une grotte, sur des lierres.

Décision. M. le Secrétaire invite M. le Président à vouloir bien consulter la Société pour fixer l'ordre des excursions qui auront lieu pendant la session extraordinaire.

Après une discussion animée, il est décidé : que la Société explorera, outre les environs de Grenoble, les montagnes de la Grande-Chartreuse, du Bourg-d'Oisans et du Lautaret. Les membres de la Société entomologique et les naturalistes présents au Congrès se diviseront par groupes pour faire leurs recherches. Plusieurs d'entre eux manifestent l'intention d'aller en outre à Uriage, Allevard, à la Chartreuse de Prémolle, etc.

M. le professeur Bouteille, MM. Boisduval, Ducoudray-Bourgault, Thibézard, Perroud, Léon Fairmaire, Martin et plusieurs autres naturalistes donnent des indications relatives aux localités à explorer.

La séance est levée à dix heures.

(Séance de Grenoble du 18 Juillet 1858.)

Présidence de M. le docteur BOISDUVAL.

Les membres de la Société encore présents à Grenoble et

plusieurs naturalistes étrangers assistent à la séance. Quelques membres de la Société qui n'avaient pu arriver à temps pour se trouver à la première réunion font partie de la seconde.

M. Laboulbène, secrétaire, lit le procès-verbal de la séance tenue le 7 juillet, et donne de nouveau lecture de l'ordre du jour de la deuxième séance, tel qu'il a été arrêté à Paris par la Société.

M. le Président met ensuite aux voix le procès-verbal de la séance précédente et sa rédaction est adoptée.

M. le Secrétaire fait connaître les noms de MM. les membres de la Société présents à la séance, ainsi que ceux des naturalistes étrangers.

Correspondance. Lettre de M. Bellier de la Chavignerie, qui explore les montagnes des Basses-Alpes et regrette de n'avoir pu venir à Grenoble. Il annonce que plusieurs localités des environs de Larche ont été assaillies cette année par une chenille qui a presque causé des dégâts. Cette chenille est celle de l'*Heterogynis penella*, qui vit habituellement sur différentes espèces de genêts. Ne trouvant pas ces plantes, qui manquent presque entièrement, elle s'est jetée sur les prairies, où elle vit polyphage, affectionnant toutefois les trèfles et les sainfoins.

Communications. M. le Président expose le résumé des explorations entomologiques faites par la Société à Saint-Nizier, à la Grande-Chartreuse, dans les montagnes du Bourg-d'Oisans et au Lautaret. Il appelle l'attention des entomologistes sur la grande quantité de *Zygœna exulans* qu'on voyait au Lautaret. Cette Zygène s'y trouvait par milliers, tandis qu'il y a déjà longtemps M. Boisduval ne l'avait rencontrée dans ces mêmes localités qu'en petit nombre et sur les prairies les plus élevées où croît le *Phaca glacialis*.

En terminant cette revue, M. le Président fait remarquer d'une manière toute particulière la présence d'innombrables *Acrydium migratorium* qui sont venus, portés par le vent, s'abattre sur le Bourg-d'Oisans. Ces Orthoptères, bien autrement redoutables que les chenilles de l'*Heterogynis penella*, ont dévoré la plupart des récoltes, ils attaquent même les *Arundo phragmites*.

M. le Secrétaire général de la préfecture de l'Isère a consulté M. le Président et M. le Secrétaire du Congrès sur les moyens à prendre pour s'opposer à ce fléau.

M. E. Martin a été frappé comme tous les membres de la Société qui ont fait l'excursion du Lautaret, du grand nombre de *Zygœna exulans* qu'on y a vues. Notre collègue avait déjà trouvé très abondamment cette Zygène aux environs du lac de la Magdeleine, dans les Basses-Alpes, mais en bien moindre quantité.

M. Bruand d'Uzelle montre plusieurs *Acrydium* à l'état de larve et de nymphe, ceux-ci ayant deux taches bleuâtres de chaque côté du thorax. Il demande s'il est bien sûr que ces larves et nymphes, qu'on observe par myriades et qui causent tant de dommages au Bourg-d'Oisans, appartiennent bien à l'*Acrydium migratorium*.

Une discussion s'engage sur ce point. M. le docteur Boisduval affirme le fait. D'autres le nient. M. le docteur Laboulbène pense qu'un examen approfondi de ces larves et de ces nymphes est nécessaire pour résoudre la question.

—MM. Emmanuel Martin, docteur Paul Lambert, docteur

Titon, Bruand d'Uzelle, etc., font plusieurs communications relatives aux insectes de divers ordres, qu'ils ont pris dans leurs excursions et dont ils donneront une liste à **M.** le Secrétaire pour le rapport général.

—**M.** Bellevoye communique des observations qu'il a faites à Metz, sur les mœurs du *Brachytarsus varius*, dont les larves, selon lui, se nourriraient du bois de vieux poiriers, à l'endroit où les branches ont été coupées ras du tronc.

M. le docteur Laboulbène fait remarquer à **M.** Bellevoye que les habitudes des *Brachytarsus* déjà observées ne sont pas toujours aussi inoffensives. Le parasitisme de leurs larves a été démontré. Il engage M. Bellevoye à s'assurer si ces larves étaient seules dans le bois de poirier et si elles n'y ont pas vécu aux dépens de quelques autres.

—Avant de clore la session extraordinaire, M. le Président propose de voter des remercîments aux autorités municipales et scientifiques de la ville de Grenoble, pour l'accueil bienveillant fait par elles à la Société entomologique de France, ainsi qu'aux Savants et aux Naturalistes qui ont bien voulu assister à nos séances et prendre part à nos excursions.

Ces remercîments sont votés à l'unanimité.

— **M.** le Secrétaire lit ensuite le procès-verbal de la deuxième séance, qui est mis aux voix et adopté.

La séance est levée à neuf heures et demie.

(**Séance de Paris du 28 Juillet 1858.**)

Présidence de M. le Dr LABOULBÈNE, 2e vice-président.

Communication. Immédiatement après la lecture du procès-verbal de la précédente séance tenue à Paris, M. le docteur Laboulbène, vice-président, ayant rempli à Grenoble les fonctions de secrétaire, fait connaître les procès-verbaux des deux séances des 7 et 18 juillet, tenues à Grenoble par la Société, lit le discours d'ouverture de l'excursion prononcé par le président, M. le docteur Boisduval, donne quelques détails sur les courses scientifiques qui ont eu lieu, et annonce qu'il communiquera dans quelque temps son rapport général sur le Congrès de 1858, dans lequel il insérera les listes qui doivent lui être adressées par plusieurs de nos collègues, relativement aux insectes qui y ont été recueillis.

Après avoir entendu cette communications, la Société, comme en 1857 au sujet de l'excursion extraordinaire de Montpellier, décide que des extraits des procès-verbeaux, en ce qui concerne le Congrès de Grenoble, le rapport de M. le docteur Laboulbène et les listes des insectes qui ont été pris dans les diverses courses entomologiques, seront tirés à deux cents exemplaires outre le tirage ordinaire des Annales.

————

Vingt-sept membres de la Société ont assisté au Congrès de Grenoble : ce sont MM. Bellevoye, venu de Metz; docteur Boisduval, de Paris; Th. Bruand d'Uzelle, de Besançon; docteur Cartereau, de Bar-sur-Seine; Constant fils, d'Autun; Charles Dat, de Carcassonne; Chambovet, de Saint-Etienne; Daube, de Montpellier; Delamarche, de Paris; Doüé, de Paris; L.-A. Ducoudray-Bourgault, de Nantes; L.-H. Ducoudray-Bourgault, de Nantes; L. Fairmaire, de Batignolles; Gougelet, de Montmartre; Guenée, de Châteaudun; Kœchlin, de Darnach; docteur Kraatz, de Berlin; docteur Laboulbène, de Paris; docteur Paul Lambert, de Saumur; Legrand, de Troyes; E. Levrat, de Lyon; Emmanuel Martin, de Paris; Millière, de Lyon; Perroud, de Lyon; Rattet, de Paris; Thibézard, de Laon, et le docteur Titon, de Châlons-sur-Marne.

RAPPORT

SUR LA

SESSION EXTRAORDINAIRE TENUE A GRENOBLE,

Au mois de Juillet 1858.

Par M. le Dr Alexandre LABOULBÈNE.

(**Séance du 22 Décembre 1858.**)

Messieurs,

Vous avez accueilli, avec une faveur marquée, le Rapport
dans lequel M. Léon Fairmaire vous décrivait, en historien
fidèle, la première session extraordinaire de la Société Entomologique de France. Mon cher ami et savant collègue
avait constaté le succès du Congrès de Montpellier. Il ap-
plaudissait aux utiles, aux excellents résultats de ces ré-
unions nouvelles, car elles viennent rapprocher des collègues
séparés par la distance, ou bien, elles cimentent de vives
amitiés que les mêmes goûts scientifiques avaient fait naître,
depuis longues années, entre des naturalistes qui ne
s'étaient jamais vus précédemment.

C'est qu'en effet, Messieurs, le but de ces excursions
éloignées est à la fois de rattacher les membres de la Société
les uns aux autres par les liens d'une affectueuse confrater-
nité, et d'explorer tour à tour les diverses contrées de notre
admirable pays. Les collections s'enrichissent par la récolte

des insectes, par les échanges rendus plus faciles. Si les espèces rares qui nécessitent, pour être trouvées, un long séjour dans la contrée qu'elles habitent ne sont pas découvertes par nous-mêmes, nous aurons stimulé l'esprit de recherches, montré un zèle utile et bien mérité de la science.

La réunion des entomologistes avait été nombreuse à Montpellier, elle l'a été pareillement à Grenoble, et un grand nombre de Savants étrangers à notre Société sont venus prendre part à nos excursions.

L'organisation du Congrès avait été parfaitement établie par notre honorable président, M. le docteur Boisduval, et par notre secrétaire, M. Eugène Desmarest, dont le dévouement vous est bien connu. Je ne dois point oublier de signaler le concours de plusieurs membres de la Société, concours d'autant plus méritoire que ceux qui l'avaient donné étaient obligés de rester à Paris.

Les diverses compagnies de chemins de fer ont eu pour nous leur libéralité accoutumée. Nous tenons à constater cette bienveillance que l'un de nos collègues, venu de Berlin, donnait récemment comme modèle aux administrations des chemins de fer de l'Allemagne.

Dès le 6 juillet, la majeure partie des entomologistes voyageurs était rendue à Grenoble, par la voie de Lyon et de Saint-Rambert. Cet itinéraire est trop connu pour que je le répète ici, mais ceux qui voyaient pour la première fois le Dauphiné ont admiré les paysages de Voiron et la situation de Grenoble au milieu des montagnes qui l'entourent.

Après les visites officielles faites par le Président et les membres du Bureau aux autorités de la Ville qui donnait l'hospitalité à notre Société, les premiers arrivés ont exploré aux portes de Grenoble les bords de l'Isère et du Drac. Mais la première excursion entreprise en commun a été celle de la montagne de Saint-Nizier ; les autres ont eu lieu successivement à la Grande-Chartreuse et au Lautaret. Je vais, Messieurs et chers collègues, essayer de vous en rendre compte.

I. SAINT-NIZIER DE PARISET.

Le 7 juillet, dès six heures du matin, une corbeille (1) pouvant donner place à un grand nombre de voyageurs, stationnait devant l'hôtel des Trois-Dauphins, où la plupart d'entre nous avaient pris gîte. Le temps s'annonçait peu favorable, d'épais nuages couronnaient toutes les cimes autour de Grenoble.

Nous nous sommes mis en route, néanmoins, en partie sur le véhicule, et le plus grand nombre à pied. Vers sept heures et demie, la voiture arrivait au terme où par suite des difficultés du terrain elle devait s'arrêter. C'était sous la grande avenue de tilleuls séculaires qui forment un beau couvert devant le château de M. Félix Réal, ancien député du département. Notre Président sachant que le propriétaire présidait aussi une Société savante, s'adjoignit l'Archiviste, et tous deux allèrent rendre visite à M. F. Réal, qui leur fit le plus gracieux accueil, ainsi qu'à la troupe pédestre de nos collègues qui arriva peu après.

(1) On désigne sous ce nom les chars-à-bancs servant aux excursions dans les environs de Grenoble.

Celle-ci, sous la conduite de M. le professeur Verlot, qui avait bien voulu la diriger, avait suivi les magnifiques boulevards de la ville ; elle y constatait les dégâts causés aux ormes par la *Galleruca calmariensis* et une immense quantité de chenilles du *Liparis dispar*, qui, huit jours plus tard, s'étaient métamorphosées. Elle atteignit les bords du Drac par une pluie battante ; on ne put, ce jour là, rechercher les chenilles du *Deilephila hippophaes* sur l'arbrisseau qui les nourrit et qui croit si abondamment au bord de cette rivière torrentueuse (1). Bientôt elle commença à gravir la montée de Pariset et trouva une Faune et une Flore bien différentes de celles des plateaux du nord de la France. Les nuages s'éclaircissaient, la pluie cessait de tomber ; les premiers rayons de soleil joyeusement accueillis permettaient de voir voler quelques Lépidoptères diurnes, et les mâles du *Rhizotrogus ater*. Nos collègues, après avoir atteint un petit plateau sur le sommet duquel on aperçoit la vallée du Graisivaudan, arrivaient devant le château de M. F. Réal.

Nous avions reçu, avec un accueil cordial, d'utiles renseignements sur les moyens de gravir la montagne en partie couverte de roches au milieu desquelles il n'était pas toujours facile de trouver un passage. Mais la tâche, quoique rude, était loin de nous décourager ; on soulevait des pierres et les insectes de la zone sous-alpine commençaient à être pris. Dans de petites grottes et sur les rochers du parc, les lépidoptéristes recueillaient la *Gnophos pullata*, la *G. fur-*

(1) Le mauvais temps empêcha plusieurs de nos collègues d'aller à Seyssins pour y recueillir les chenilles des *Sphinx vespertilio* et *œnotheræ* sur l'*Epilobium angustifolium*.

vata, et les *Larentia tophaceata* et *olivata.* On fit une halte
au petit hameau de Pariset, pour y prendre un modeste
repas qu'un bon appétit rendit excellent.

Pourquoi ne consignerais-je point ici un fait qui nous a
frappés ? Il prouve que les montagnards ont gardé un reste
des vertus et de la bonne foi primitives dont, trop souvent,
on cherche en vain la trace chez les habitants de la plaine
bien plus avancés en civilisation.

Après avoir payé notre déjeuner, dont le prix était fort
modéré, nous donnâmes, à notre vieille hôtesse, la moitié
d'un saucisson volumineux, apporté par précaution de Grenoble. La bonne femme voulait absolument réduire la carte
déjà soldée, et ce ne fut qu'à grand'peine que nous avons
pu lui faire accepter, comme don gratuit, cet échantillon
des produits culinaires de la ville.

Le repas terminé, les nuages avaient disparu, un soleil
radieux brillait sur nos têtes, nous partîmes pleins d'ardeur.
Une vaste grotte située auprès du hameau fut explorée dans
toutes ses profondeurs, et les amateurs de *Géométrides* et de
ces *Microlépidoptères,* si intéressants à étudier, nous signa ·
lèrent la prise, par MM. Millière et Bruand, d'une jolie
Platyomide, *Tortrix dumicolana.* On trouva dans cette
grotte une variété d'un gris-blanc de la *Gnophos pullata,* les
Acidalia contiguaria, incanaria var. *Cantereraria,* et bon
nombre d'autres espèces dont j'aurai soin de vous donner
plus tard la liste exacte.

Mais la chasse aux insectes, la recherche des plantes,
avaient commencé de toutes parts en quittant les maisons,
ou plutôt les chaumières de Pariset. Nous nous disposions à
gravir la montagne de Saint-Nizier jusqu'au sommet tri-
denté, appelé les Trois-Pucelles. Il ne pouvait plus y avoir

d'ensemble dans notre pérégrination; dispersés par petits groupes, nous ne devions plus nous réunir que pour le retour. On ramasse autour de Pariset, quelques Coléoptères, *Aphodius scrutator*, *Staphylinus fossor* et *lutarius* etc., M. Daube trouve la *Capnodis tenebricosa;* dans une sorte de défilé, entre des roches, les *Satyrus Hermione* et *cordula* étaient très abondants.

Nous visitons un petit plateau où se trouvent les ruines d'une Tour, appelée *Tour-sans-venin*, bâtie, dit la légende, par Roland, et que devaient fuir tous les animaux venimeux. Près de là est un cimetière où la rareté des tombes indique à la fois le petit nombre d'habitants du hameau et leur longévité.

Aux environs de la Tour-sans-venin, nous aurions pu prendre abondamment le *Parnassius Apollo* qui planait ou volait doucement parmi une myriade de sombres *Satyrus cordula*; ils formaient de la sorte un singulier mélange de blanc et de noir.

En continuant l'ascension, nous atteignîmes la faune exclusivement alpine. Les noirs *Erebia* faisaient à leur tour ressortir les teintes dorées des *Polyommatus virgaureæ* et *eurydice*. Puis les prairies pastorales nous offraient le *Lycœna damon*, la gracieuse *Acidalia flaveolaria*. Sur la *Scabiosa sylvatica* nous observâmes une assez grande quantité de *Zygœna trifolii*. Tout en butinant, et après avoir traversé les zones de sapins, où nous voyions les travaux de l'*Anobium abietis*, nous avons atteint la base des inaccessibles dentelures dont j'ai parlé. Nous trouvons alors, en soulevant des pierres, les *Cymindis axillaris*, *Feronia Hagenbachii*, *Amara picea*, etc.

La journée s'avançait, il fallait penser à regagner

Grenoble, où notre première séance devait avoir lieu. La descente ne fut pas faite sans profit, car les *Géomètres* commençaient à sortir de leurs retraites. M. E. Martin prenait, près de Pariset, la *Typhonia lugubris*, mais il ne put trouver le fourreau de la chenille, malgré toutes ses recherches.

Ceux qui n'avaient point gravi les hauteurs et qui revenaient les premiers reçurent, chez M. Réal, un accueil non moins bienveillant que celui du matin. Il leur fit visiter sa belle propriété, d'où la vue des montagnes et de la magnifique vallée du Graisivaudan est vraiment admirable ; il les conduisit, tout en leur communiquant ses expériences et ses recherches sur la conservation des *vers à soie* et leurs maladies, jusqu'à l'Hermitage de Jean–Jacques Rousseau, faisant partie de son domaine. Plusieurs *Sphinx pinastri* furent trouvés venant d'éclore au pied des arbres qui avaient nourri leurs chenilles. Vers six heures du soir notre réunion était effectuée et nous partions pour Grenoble, où la première séance fut tenue ; vous en connaissez déjà les détails par le procès-verbal que j'ai eu l'honneur de vous soumettre.

II. LA GRANDE-CHARTREUSE.

Notre visite au célèbre couvent fondé par Saint-Bruno, avait été décidée par acclamations. Il n'y eut pas de retartaires au moment du départ. On était heureux de se mettre en route et on le témoignait. Pour les uns, c'était la satisfaction de revoir le Monastère et le sévère désert qui l'entoure, pour les autres, l'attrait de la nouveauté et la certitude de trouver la réalité à la hauteur des espérances; pour tous, le plaisir d'être réunis. Nous nous plaçâmes gaiement dans les voitures disposées à la file qui devaient nous conduire à Saint-Laurent-du-Pont.

Les touristes ont célébré à l'envi le chemin qui conduit à la Grande-Chartreuse. Je ne répéterai pas leurs descriptions. Vous préférez aux détails sur l'étendue de la route, ou sur son altitude, le souvenir des insectes ou des plantes qu'elle vous a offerts.

Notre caravane sortit de Grenoble en traversant l'Isère, et se dirigea sur Voreppe. Les montagnes étaient encore à demi-cachées par le brouillard du matin. Nous eûmes bientôt dépassé St-Martin, St-Égrève; nous avions hâte d'atteindre Voreppe. Nous y sommes descendus, et, quoique certains de trouver à Saint-Laurent-du-Pont des cannes solides pour nos courses montagnardes, la plupart se munirent aussitôt de forts bâtons ferrés. Plusieurs d'entre nous ont rapporté à Paris ces utiles compagnons de voyage. Notre Président en avait un terminé par une sorte de crosse, ce qui lui donnait un air abbatial qui était de bon augure.

Après Voreppe, la route monte et nous avons mis pied à terre pour alléger nos véhicules et leurs montures, ou plutôt pour commencer nos recherches. Nous jetons un regard sur le couvent des Dominicains, situé entre ciel et terre, sur le flanc du Pic-de-Chalais qui domine Voreppe. Le torrent, le *Royse*, était presque desséché, mais sa pente rapide et les grosses pierres dont il est encombré, indiquent assez quelle impétuosité il doit avoir pendant la mauvaise saison. Son lit est large, et, sur la rive gauche, on trouve une scierie qui met en planches le bois descendu de la montagne.

Le soleil s'était levé. On cherchait avec ardeur bêtes et plantes. L'entomologie n'eut guère de captures. Le *Satyrus Hermione* volait moins communément qu'à Saint-Nizier, et seul, peut-être, je ne le dédaignai point. Je le plongeai dans l'esprit de vin en compagnie de quelques *Arge* et *Polyommates*, destinés à des recherches anatomiques.

Nous allions vers Saint-Laurent-du-Pont en suivant un chemin sinueux bordé, de chaque côté, de gros noyers et de châtaigniers. Nous traversons le vallon de Pommier et dépassons successivement plusieurs villages. A notre droite apparaissent les montagnes qui vont de Chalais au delà de Saint-Laurent. Nous apercevons enfin ce dernier. La première occupation en y arrivant fut de faire une reconnaissance, un appel général, et de commander un déjeuner substantiel. J'entends dire que les *Salmo thymalus* et *fario* y figureront pour la forme; nous les retrouverons à la Chartreuse, où les aliments gras nous seront interdits.

En traversant les maisons disséminées de Saint-Laurent-du-Pont pour arriver jusqu'au fond du village, nous avions remarqué des constructions nouvelles, des toitures neuves que le temps n'avait pas encore recouvertes de cette couche byssoïde noire ou brunâtre qu'il leur donne si vite dans les pays de montagnes. On nous apprit que ce village avait été incendié pendant l'été, il y a quatre ans. Une voiture chargée de paille s'enflamma par accident, et pendant qu'on l'éloignait du village, qu'elle dut traverser, les flammèches mirent le feu partout où elles tombèrent. Les Pères Chartreux ont puissamment aidé à la reconstruction du village

incendié. Sans avoir aujourd'hui rien de bien remarquable,
il est intéressant par sa position ; les environs sont très
productifs pour l'Entomologie et la Botanique.

Au sortir de Saint-Laurent, plusieurs mulets portaient
nos bagages, ils prirent les devants; nous les suivions à
pied avec notre attirail de recherches entomologiques et
botaniques. Notre caravane s'avançait le long du ruis-
seau du Guiers, qui coulait assez doucement dans un lit
incliné. Sur ses bords et dans l'eau peu profonde nous
avons pris les *Hydroporus Sanmarkii, septentrionalis, Davisii*, les *Elophorus arvernicus, Bembidium eques, Pœderus longicornis* La solitude commençait, les conversations
étaient animées. M. Charles Dat parlait d'un *Pristonychus*
nouveau découvert au fond d'une caverne souterraine,
à Sorrèze, par M. Nauziel. Notre Président nous racon-
tait son premier voyage à la Chartreuse, fait, il y a trente
ans, en compagnie de MM. Rambur et de Brébisson.
Mais le Guiers, assez calme naguère, est devenu plus
bruyant, bientôt c'est le bruit d'une chute d'eau. Sur
la rive droite sont des forges, des bâtiment enfumés, dans
leur intérieur brille la teinte rouge de la flamme; devant
nous, une seule arche de pierre traverse le torrent, l'eau
tombe et bouillonne en formant une cascade. Quelques pas
encore et nous nous trouvons en face d'une scissure immense,
entre deux rochers gigantesques dont la route entaille la
base ; le Guiers tumultueux coule au fond, et, par l'ouverture étroite, on aperçoit une verdure luxuriante.

Sans être d'un enthousiasme novice ou d'un étonnement
complaisant, il est impossible de n'être pas frappé de l'aspect
grandiose de ce lieu. C'est l'entrée du désert de la Chartreuse, et certes il y avait un contraste saisissant entre

ce bruit des forges de Fourvoirie, ces traînées de feu qui s'en échappaient, et ce calme, cette sérénité de la nature qui leur succède.

Chacun de nous avait admiré cette entrée du désert et franchi la porte surmontée des armes de l'Ordre des Chartreux (1). Les recherches avaient commencé. On ne rencontrait toutefois, sous les pierres, que des Carabiques de la plaine; le *Byrrhus ornatus* fut pris sous la mousse. Mais le temps s'était assombri; la pluie tombait, et, en cherchant un abri sous le rocher creusé en demi-voûte, nous avons trouvé quelques *Bembidium* et les vulgaires *Anchomenus angusticollis* et *pallipes.* Un prêtre venant de la Chartreuse et des paysans des environs se réfugient avec nous sous le même rocher.

La route, très belle aujourd'hui et qu'on rend aussi douce que possible en rectifiant les montées trop raides, est d'abord à droite du Guiers, et la pente n'est pas trop sensible. Cependant nous trouvons bientôt des sapins mêlés aux hêtres. Il est rare de voir d'aussi beaux rideaux de verdure que ceux qui revêtent les parois de cette vallée de rochers. Grâce à sa situation de l'est à l'ouest, le désert de Chartreuse est constamment d'une grande humidité, très favorable à la végétation.

L'entomologie n'avait point à espérer de belles prises avant d'arriver au couvent; toutefois, nous avons récolté contre les pierres, la *Machilis annulicornis,* le *Glomeris guttata,* ainsi que des *Helix, Bulimes* et *Clausilies* de ces régions alpestres. Des *Tinéites,* des *Geomètres* saxicoles

(1) Elles consistent en un globe surmonté d'une croix entourée de sept étoiles. La devise était : *Stat crux dum volvitur orbis.*

étaient appliquées sur les rochers, entr'autres, les *Gnophos pullata, Nudaria mundana*; mentionnons seulement, parmi la flore de cette route, si digne d'être parcourue par le naturaliste, les *Saxifraga aizooides*, le *Prenanthes purpurea* et le *Chrysosplenium alternifolium.*

Nous voici dans un endroit où les sapins dominent. Le chemin est au bord du précipice; le Guiers coule au fond avec un bruit sourd. Le tronc des sapins s'élance droit à une grande hauteur; les branches latérales s'étendent au loin. Les monts se dénudent à leur cime et forment des sommets ou *som*, des arêtes découpées, des *sierras* en miniature. La route traverse le torrent, sur un pont hardi, d'une seule arche (pont de Saint-Bruno ou pont Parant), bâti en dolomie, qui est la pierre la plus répandue dans les gorges du désert.

Des ouvriers travaillent à la route qui s'est éboulée en plusieurs endroits sous l'effort des avalanches. Il y a grande abondance de pierres. Nous les soulevons sans prendre autre chose que les *Feronia striola* ou *concinna*. Nous passons sous de petits tunnels creusés en trois endroits dans le roc vif.

Un rocher en forme d'aiguille, de cône très pointu et très escarpé s'élève à notre droite, près de l'abîme taillé à pic. Contre lui est une porte ou plutôt la ruine d'une porte. Là existait le fort de l'Aiguille ou de l'OEillette. Une croix formée de deux branches de sapin a été placée sur le sommet de l'Aiguille. De hardis montagnards ont accompli cette périlleuse escalade, mais l'un d'eux est resté, dit-on, trois jours sans pouvoir parvenir à descendre.

Une grande corde attire notre attention au sortir de cette deuxième porte du désert. Elle est fixée au rocher opposé et traverse la vallée. On y suspend les troncs des sapins, qui, glissant à l'aide de poulies, viennent tomber sur la route, car, de notre côté, la corde est attachée à un anneau fortement scellé dans le rocher-paroi.

Plusieurs arbres abattus et dans l'état de vétusté furent dépouillés de leur écorce sans grands résultats; en continuant à marcher nous fouillâmes des souches de hêtre à demi-décomposées qui nous offrirent des larves aplaties de *Pyrochroa*. L'*Eurebia ligœa* commençait à paraître. Sur les rochers, il eût été facile de prendre une grande quantité de chrysalides du *Bombyx monaca* et plusieurs chenilles de *Lithosies* saxicoles.

La pente devient de plus en plus raide, en certains endroits la route est couverte de menus débris. Nous entendons un bruit sourd, prolongé par les échos, et semblable à un coup de tonnerre, c'est l'explosion d'une mine qui vient d'éclater. Les pierres roulent de rocher en rocher, jusque dans l'abîme.

Nous touchons presque aux murs du couvent. Nous trouvons plusieurs entrepôts de bois; nous arrivons enfin aux bâtiments de la Correrie. M. Boisduval nous fait remarquer et froisser entre les doigts une belle et aromatique Ombellifère, le *Myrhis odorata*; un *Apollo* est pris au repos sur une plante Synanthérée.

La journée s'avançait et la température commençait à baisser quand nous entrons dans le Couvent, qui a l'air d'une petite ville. Après avoir traversé une vaste cour, nous trouvons au fond d'un corridor une salle où brille un bon feu. Un frère Chartreux en vêtement blanc nous accueille et nous offre la liqueur de Chartreuse, que nous acceptons de grand cœur. C'est ainsi qu'a commencé l'hospitalité du frère

Gérasime, dont la complaisance et la cordialité à notre égard ont été parfaites.

Le dîner nous attendait. Quels fruits savoureux et parfumés que ceux du *Fragaria alpina*, d'où proviennent les fraises cultivées des quatre saisons ! Je tiens encore à vous rappeler le *Salmo alpinus* et le *Sium sisaron*, dont la racine frite avait un goût assez agréable. Tout fut mangé et de grand appétit. Consignons ici, avec justice, que nous avons fait de bons dîners maigres à la Chartreuse.

Vous savez, Messieurs et chers collègues, qu'on nous reproche d'aimer les descriptions parce qu'on nous voit étudier et faire connaître un monde merveilleux qui, par sa petitesse, échappe aux regards du vulgaire. Pour moi surtout, médecin et entomologiste , la remarque risque d'être vraie. J'espère, cependant, rester dans de convenables limites. Je venais d'ailleurs pour la première fois à la Grande-Chartreuse et dans les Alpes du Dauphiné, et, si je leur paie ici notre tribut d'admiration collective, qui de vous penserait à m'en blâmer.

Le repas fini, les nouveau-venus entourent le Président. On le questionne sur les environs de la Grande-Chartreuse ; il est entraîné au dehors et fait aux derniers rayons du jour une reconnaissance devant le Monastère. Nous remarquons la porte simple du couvent, les deux statues de Chartreux à côté d'elle, les clochers qui dominent les bâtiments. Nous rentrons dans la salle où nos amis parlent et se chauffent. On discute sur les projets du lendemain, sur les excursions à faire.

Assis au coin du feu de la grande salle et crayonnant mes notes, je remarque les solives brunes et rapprochées du plafond, les larges croisées, les solides assises de pierre des

murailles, l'immense cheminée en marbre du pays, les trois
tables que nous remplissions il y a un instant. Les parois de
la salle sont blanchies à la chaux, et, le dirai-je, rayées de
trop de noms et de trop de dates qu'un nouveau badigeon
fera disparaître avec justice. Quelques gravures anciennes et
non sans mérite, jaunies ou plutôt roussies par les années,
décorent seules les murs blanchis.

Nous demandons à présenter, le lendemain matin, nos
respectueux hommage au Révérend Père Général, supérieur
de l'Ordre. On nous conduit dans nos cellules. J'examine
aussitôt la mienne. Elle est presque carrée ; un lit, une
table, une chaise, un prie-Dieu, le tout en bois de sapin.
Encore ces solives rapprochées au plafond, et brunies par
le temps. Une seule croisée aux petits vitraux enchâssés
dans le plomb. Je me hâte de souffler.... non point la lampe
fumeuse, non point la chandelle de suif, mais la bougie
qu'on m'a donnée. Notre dîner lui-même a eu lieu aux
bougies. L'hospitalité des Chartreux est aussi confortable
que cordiale.

Après une bonne nuit, bien calme, je vais frapper à la
porte du Président. Sa cellule contiguë à la mienne est
beaucoup plus grande; elle a deux croisées, une table-
bureau, une cheminée et un bon feu, une vaste armoire
avec trois flacons à liqueurs blanche, jaune et verte, qui
sont restés intacts, et deux paires de larges et chaudes pan-
toufles qui ont été chaussées avec plaisir. Le quartier-gé-
néral présidentiel a été, comme vous le pensez, très apprécié
et très fréquenté.

Rentré chez moi, je commence, avec M. Perroud, la dis-
section d'un *Apollo* pris à Saint-Nizier. Je le place sur une
planchette de liége immergée dans un verre ordinaire.

C'était probablement la première fois qu'on fouillait les entrailles des Insectes dans une cellule de la Chartreuse.

Le Président et le Secrétaire ont été admis dans la matinée chez le Révérend Père Général, supérieur de l'Ordre ; il connaissait l'arrivée de la Société à Grenoble, où le *Journal de l'Isère* l'avait annoncée. La bienveillance du Révérend Père Général est extrême.

Peu après, je revoyais la façade et les murs du Couvent ; j'avais rencontré dans la cour d'entrée plusieurs collègues qui avaient pris des *Hydroporus* dans les deux grands bassins pleins d'eau qu'y s'y trouvent. Le religieux ayant un vêtement blanc et portant la barbe, le même qui nous avait si cordialement accueillis, donnait des instructions à des ouvriers prêts à partir et à un autre religieux vêtu de brun. On me dit à l'oreille que les religieux bruns ne sont que des serviteurs, des frères donnés n'ayant fait aucun vœu, les religieux vêtus de blanc et laissant croître leur barbe, ou frères convers, ont prononcé des vœux, mais ne sont pas prêtres. Les Pères Chartreux seuls ont l'habit blanc, le visage et la tête rasés, et sont tous entrés dans les ordres sacrés.

Notre déjeuner finissait à peine, quand on est venu nous annoncer que le Révérend Père Général venait, en personne, nous chercher pour nous faire les honneurs de la Grande-Chartreuse. Vous avez été, Messieurs et chers collègues, vivement touchés de cette marque de haute faveur. La Société a été présentée au Révérend Père Général par le Président. A peine est-il besoin de vous rappeler le calme et le respect avec lesquels notre visite a été faite.

Il existe dans divers ouvrages, plusieurs descriptions exactes du Couvent des Chartreux, et je ne dois ni ne veux les répéter. Mais puis-je ne point vous rappeler cette longue galerie des Cartes où sont représentées toutes les maisons de l'Ordre et où le Révérend Père Général voyait avec plaisir plusieurs de nos collègues, venus de loin, reconnaître des lieux qui leur étaient familiers ? Et la salle capitulaire avec la statue de Saint-Bruno, les portraits des cinquante premiers Généraux des Chartreux et la copie retouchée par Le Sueur, de la vie de Saint-Bruno, dont vous avez tous admiré au Louvre la belle collection originale ? Pour moi, je l'avoue, j'ai regretté de les avoir vus trop vite, j'y suis revenu avec M. Goumain, nous y avons même copié plusieurs inscriptions, que je reproduis dans une note (1).

Faut-il passer sous silence, la chapelle de Saint-Louis, si richement ornée, fondée par Louis XIII, la chapelle des morts et le buste remarquable en marbre blanc, qui est sur la porte d'entrée ? Je tiens à vous rappeler d'une manière toute spéciale, la chapelle dans laquelle le Révérend Père Général dit sa messe habituelle, et où il a eu la bonté de nous introduire. Le maître-autel est un curieux ouvrage de

---

(1) La sentence qui occupe la place où ne se trouvera pas de long-temps, nous l'espérons bien, le portrait du R. P. Général, est la suivante : *Judicium durissimum his qui præsunt, fiet.*

Voici quelques-unes des inscriptions placées sur la porte des Chartreux. Cellule C. *Ibit homo in domum æternitatis suæ. Omni momento ad ostium æternitatis stc.* — Cellule E. *Vanitas vanitatum et omnia vanitas præter amare Deum et illi soli servire.* — Cellule G. *Domine si sine te nihil, totum in te.* — Cellule M. *Quam amabilis est locus iste : non est hic aliud nisi domus Dei et porta cæli.* — Cellule O. *Pax huic domui.* — Cellule X. *Mane in secreto et fruere Deo tuo.* — Cellule L L. *Dum non es in patria, cella tua sit paradisus.*

marqueterie fait avec les racines de divers bois du désert de Chartreuse et très artistement ajustés. Il n'y a que deux stalles située l'une et l'autre de chaque côté devant l'autel ; elles sont destinées aux grands personnages qui ont seuls le privilége d'assister à cette messe.

Quel touriste n'a pas été frappé d'admiration en parcourant le vieux cloître éclairé par cent trente fenêtres et où les chapiteaux des colonnes sont d'une ciselure si délicate. Nous sommes passés respectueusement devant le champ du repos situé au milieu de ce cloître. Deux de nos collègues qui avaient vu le portrait d'un oncle parmi les Généraux de la salle capitulaire, ont retrouvé dans le cimetière le nom qu'ils cherchaient, sur la croix de pierre qui indique seule les tombes des supérieurs.

Il nous a été permis de voir un vénérable Père Chartreux dans sa retraite. Il réclamait les secours de la médecine, et réunis en consultation MM. les docteurs Boisduval, Cartereau et moi-même avons été heureux de les lui donner. Sa cellule, comme toutes celles des Pères, offrait une première pièce ou oratoire, et, à l'étage inférieur, un atelier et un petit jardin.

En revenant par les cloîtres, le silence que nous gardions a cessé un instant, une légère animation s'est manifestée dans notre petite troupe. C'était la découverte d'une *Apamea captiuncula*, espèce considérée jusqu'à ce jour comme exclusive aux Alpes de la Styrie et de l'Oural, et qui doit faire dorénavant partie de la Faune française.

Elle venait d'être prise dans le cloître même, sur la muraille, auprès de l'une des fontaines où l'eau en tombant rompt seule le silence de cette solitude.

Le Révérend Père Général a bien voulu nous laisser pénétrer dans la cuisine où s'apprêtaient les repas auxquels nous faisions si bien honneur. Nous y avons remarqué des dalles gigantesques en dolomie, servant de tables et une exquise propreté. Dans la grande salle du réfectoire, nous avons touché les humbles objets qui servent aux vénérables Pères dans les repas que la règle leur permet de prendre en commun.

Le Révér. Père Général a eu encore l'extrême obligeance de nous montrer plusieurs manuscrits précieux renfermés dans sa propre cellule et de placer sous nos yeux les richesses de la bibliothèque du Monastère. Nous avons, M. Léon Fairmaire et moi-même, sollicité l'honneur de lui offrir la *Faune Entomologique Française,* et j'espère, Messieurs et chers collègues, que vous donnerez un souvenir à l'ouvrage qui vous est dédié lorsque vous retournerez à la Grande-Chartreuse.

Après avoir remercié le Révérend Père Général, notre petite troupe se répandit au dehors et s'y dispersa dans toutes les directions. Ce jour là et pendant ceux qui suivirent, malgré un temps peu favorable, nous avons exploré la bergerie de Vallombrey, la ferme de Chartreusette, la montagne du Col d'où l'on découvre le lac du Bourget, le mont Bovinant, le mont Aliénard.

En soulevant des pierres, près de la bergerie et de Bovinant, nous avons trouvé les *Feronia Prevostii* cuivreuses, et leurs variétés noires ou bronzées, *Feronia Hagenbachii, externepunctata, Yvanii,* l'*Athous Dejeanii* ♂ et ♀, le *Corymbites cupreus,* les *Otiorhynchus armadillo* et *tenebricosus,* etc. Sur les fleurs, et, entr'autres, sur la *Spiræa aruncus,* qu'on pourrait appeler la plante des précipices, étaient posées la *Pachyta virginea*, la *P. octomaculata*, et beaucoup d'autres espèces moins spéciales aux montagnes.

Nous nous sommes à plusieurs reprises rendus à la chapelle de Saint-Bruno, en passant devant Notre-Dame de Casalibus. Toutes les fois que le soleil brillait nous avons pu prendre, en fauchant dans les clairières ou les petites prairies, le *Molorchus umbellatorum* et diverses espèces d'*Anthophagus* et d'*Oreina*.

M. Bellevoye a trouvé le rare *Trigonurus Mellyi* dans la mousse recouvrant un vieux tronc de sapin. L'*Erebia Pyrrha* se reposait sur les épis de l'*Orchis globosa*. La *Geometra tinctaria* n'était pas rare dans ces localités.

La prairie qui domine le Monastère nous a offert, au milieu de plantes superbes de végétation, des *Lilium martagon*, une grande quantité de Lépidoptères diurnes; parmi les autres insectes, je ne ferai que mentionner une très grande quantité de *Locusta verrucivora*, d'*Acrydidæ*, tels que les *Stenobothrus scalaris*, *variegatus*, et de la *Tipula varipennis*.

Autour du monastère, plusieurs espèces de Lépidoptères ont été prises; je dois vous signaler plus spécialement les *Eupithecia semigraphata*, *Larentia infidata*, *flavicinctata*, la variété *citrinata* de la *Gnophos glaucinata*, *Tinea Cartusianella*, etc.

Dans les bois de sapins qui se trouvent contre les rochers, M. Boisduval a remarqué sur la *Dentaria pinnata*, la chenille d'une *Piéride*, probablement la *P. rapæ*, qu'il ne s'attendait point à trouver à une pareille hauteur et sur cette plante.

L'ascension du grand Som n'a pu être faite par la majeure

partie d'entre nous. Quelques-uns plus privilégiés ont attendu le beau temps pour atteindre ce sommet élevé. Leurs récoltes entomologiques n'ont pas été extraordinaires. L'exploration des sommets de Charmanson, de Chamechaude n'a pas donné de grands résultats.

La veille du départ officiel, plusieurs de nos collègues sont revenus à Grenoble, par la route du Sappey. Ils nous ont fait part de leurs impressions. En passant près de Saint-Pierre-de-Chartreuse, dont les maisons sont espacées au pied du mont de Chamechaude, jusqu'au col d'Entremont, et, en traversant le col de Portes, ils ont pris quelques Lépidoptères saxicoles. Je citerai la rare *Polia dumosa* trouvée par M. E. Martin, près du hameau du Sappey.

Notre Président avait été obligé, par suite de la disparition, pour ne pas dire plus, des plantes vivantes et destinées à son jardin qu'il avait recueillies sur le mont Bovinant, de revenir les chercher ; il avait gravi les hauteurs d'Aliénard. Il a rapporté avec les mêmes plantes plusieurs Coléoptères de ces régions alpines, *Feronia* et *Otiorhynchus*, et une galle de *Rhododendron*, dont l'habitant, à mon grand regret, ne s'est point développé.

Quelques collègues retardataires étaient arrivés à la Chartreuse, dans les derniers jours. J'avais entendu dire que l'un d'eux était venu tout exprès de Saint-Étienne pour chercher la larve du *Ceruchus tarandus*. J'ai vu, en effet, les captures que M. Chambovet était venu faire en toute assurance, grâce à la connaissance qu'il avait des mœurs de cette larve. Je tiens même à vous donner ici les renseignements que j'ai écoutés avec tant de plaisir à la Grande-Chartreuse.

Ces faits ont été observés par un collègue aussi modeste que zélé.

Les larves de *Ceruchus tarandus* que M. Chambovet a élevées, ont mis quatre années pour se transformer en insectes parfaits. Il est probable, cependant, que ce terme doit être réduit de moitié dans l'état de nature, car, dans les éducations que l'on fait artificiellement, on retarde souvent les larves dérangées dans leur accroissement.

Les larves élevées provenaient d'œufs récoltés le 15 août 1854, et c'est à la fin du mois de mai de la présente année 1858 que M. Chambovet a obtenu l'éclosion d'une femelle. Les autres larves ne se sont pas développées complétement.

Ce n'est qu'en juin et juillet qu'on trouve à la Grande-Chartreuse, mais non pas toutes les années, des mâles et des femelles de *C. tarandus*; plus tard, du 10 au 20 août, on ne rencontre plus que des femelles occupées à pondre. A cet effet, elles percent les troncs de sapins, renversés à terre et décomposés, d'un trou perpendiculaire d'abord

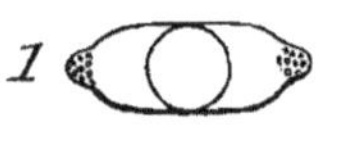

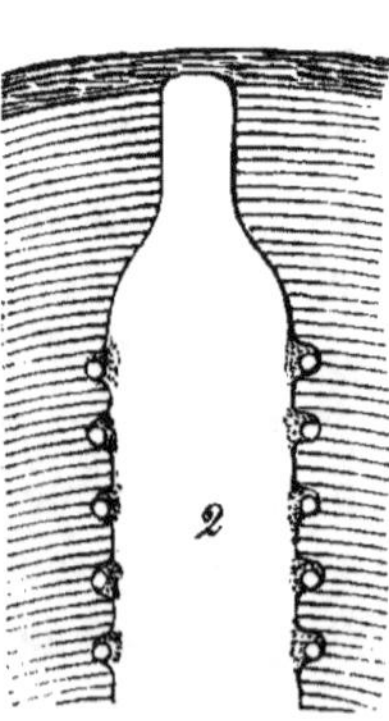

rond dans sa partie supérieure, puis ovale dans le reste de sa profondeur. La partie ronde a le diamètre de la largeur de l'insecte; la partie ovale en a la largeur et la longueur, et quelquefois trois ou quatre fois la longueur lorsque deux ou trois femelles s'y sont réunies. Quant à la profondeur, elle atteint le centre de l'arbre et souvent le dépasse de beaucoup. J'indique par un dessin cette disposition facile à comprendre. (1. *Coupe transversale.* 2. *Coupe longitudinale.*)

C'est dans la partie ovale que les femelles déposent leurs œufs, dans des entailles faites les unes au-dessus des autres aux deux pôles extrêmes de la cavité ovalaire et dans toute la hauteur. Les œufs sont d'un jaune ferrugineux, sans éclat, presque tomenteux. Ils sont recouverts avec soin dans leur loge d'un peu de sciure de bois bien tassée.

Après la ponte, il est sûr que les femelles meurent dans les trous qu'elles ont creusés, car, dans presque tous et à toutes les époques de l'année, on trouve leurs corps ou leurs débris.

Je m'abstiendrai de parler de la larve dont vous connaissez la description donnée par M. Mulsant, dans son Histoire naturelle des Lamellicornes de France, page 593.

M. Chambovet a remarqué encore que les larves, en petit nombre, qui ont atteint tout leur développement à la fin du mois d'août se changent en nymphe à cette époque et donnent l'insecte parfait en octobre. Notre collègue m'a écrit qu'il a vu éclore dans le courant de ce mois une des larves que j'avais vues à la Grande-Chartreuse; elle a produit un insecte femelle. Il est probable que ces insectes précoces passent l'hiver dans l'intérieur des troncs de sapins et n'en sortent qu'avec les autres éclos plus tard. On ne peut, en effet, trouver des individus avant le mois de juin.

M. Chambovet a observé les deux larves du *Callidium rufipes* et du *Molorchus umbellatorum* qui vivent dans les tiges mortes de la Ronce. La première après avoir acquis tout son développement entre l'écorce et le bois, pénètre dans la moelle pour s'y changer en nymphe; la seconde passe toute sa vie dans la moelle, où elle trace une longue galerie. Les deux insectes parfaits éclosent du 20 au 25 mai.

Voici quelques détails intéressants sur les larves de l'*Hyle-*

cœtus dermestoides. Elles vivent dans les souches de Hêtre encore saines et revêtues de leur écorce. Elles percent une galerie droite et horizontale de 20 à 25 centimètres de profondeur, d'égale largeur à peu près partout. Cette galerie, qu'elles élargissent à mesure que leur corps grossit, se termine à la surface de l'écorce par une très petite ouverture. Ce pertuis a probablement servi à l'introduction de l'œuf; la larve en profite pour nettoyer sa galerie, et ce sont les débris déblayés par cette voie qui dévoilent sa présence. Cette larve met deux années pour atteindre son développement complet; l'insecte parfait éclot du 5 au 15 mai.

Le fait le plus curieux de l'histoire de cette larve est la manière dont elle avance dans sa galerie. Son corselet se dilate ou se contracte latéralement, suivant la volonté de l'animal, non pas en se gonflant ou en se dégonflant tour à tour, mais bien en s'aplatissant ou en se creusant en tuile à canal, ses bords se relevant en haut. Elle prend de la sorte un point d'appui antérieur en aplatissant son corselet, le second point d'appui est fourni par la pointe cornée et fortement râpeuse qui termine son corps. Veut-elle avancer, elle arcboute sa pointe terminale et s'étend le plus possible ; elle dilate alors son corselet et, se raccourcissant, elle arcboute de nouveau la pointe cornée, pour étendre de nouveau son corps et ainsi de suite. Ces mouvements sont très rapides, et, quoique la larve de l'*Hylecœtus* soit privée de pattes, elle s'enfonce rapidement au fond de son trou.

Une des larves que M. Chambovet a le plus facilement élevées, est celle de la *Pyrochroa coccinea*. Vous savez que mon vénéré maître, M. Léon Dufour, en a publié la description et l'anatomie dans les Annales des Sciences naturelles (2e série, tome XIII, page 321, 1840). M. Chambovet a constaté qu'elle se contente du liber décomposé et humide des arbres les plus opposés, tels que Peuplier, Chêne, Pommier, Noyer et Frêne. Il suffit, pour en avoir constamment, d'établir les unes au-dessus des autres, dans un grand pot à fleurs de jardinier, des couches de vieilles écorces garnies de leur liber et de combler les joints avec cette espèce de sciure produite par les larves des gros Longicornes. Quand le pot est presque rempli, on y met les premières larves de *Pyrochroa* qu'on a pu se procurer, puis on le recouvre d'une gaze métallique. Les insectes qui naîtront s'y propageront indéfiniment si on laisse quelques femelles fécondées.

La durée totale de la vie de ces larves est de deux années. L'époque de leur éclosion est très irrégulière, mais c'est du 15 mai au 15 juin que paraît le plus grand nombre d'individus.

Après avoir eu les renseignements qui précèdent, nous allons faire une dernière promenade sur les prairies qui dominent la Chartreuse. Chemin faisant, je trouve la *Strangalia aurulenta* dans une souche de sapin. Sur les deux espèces de *Cacalia* nous prenons les *Oreina*, qui y sont abondantes. La Grande-Chartreuse attire nos regards et nous paraît, en quelque sorte, en relief avec son immense cloître rectangulaire, ses bâtiments d'entrée surmontés aux quatre angles par un toit aigu, ses clochers, son grand mur d'enceinte. En revenant par la prairie, je cueille plusieurs pieds de *Campanula rhomboidalis* qui me paraissent anormaux. Les fleurs offrent un gonflement de l'ovaire, et je constate qu'il est habité par des larves ou des nymphes. Je vous donnerai, en terminant mon Rapport, l'histoire de cette galle de la *Campanula rhomboidalis* produite par un *Curculionite*.

Pendant cette dernière journée de notre séjour à la Chartreuse, et c'était un dimanche, nous avions assisté à l'office du matin, comme le lendemain de notre arrivée nous avions assisté à l'office de la nuit.

Vous vous rappelez, Messieurs, que l'église de la Grande-Chartreuse n'offre rien de saillant, au point de vue de l'architecture. Les Pères Chartreux occupent seuls le chœur, une séparation en boiserie surmontée d'un groupe sculpté, les isole des frères convers et donnés. L'office est psalmodié simplement; quand il touche à sa fin, les religieux se couchent à terre. Pendant sa durée, ils relèvent et abaissent plusieurs fois leurs capuchons blancs.

Les matines, ou l'office de la nuit, ont un caractère sépulcral. Les religieux arrivent successivement avec une lanterne, dont la lumière disparaît aussitôt qu'ils ont pris place dans leurs stalles. On n'aperçoit que vaguement les vêtements blancs au milieu des ténèbres, rendues visibles par la tremblante clarté de la lampe du chœur. Les chants s'élèvent et se poursuivent dans l'obscurité, puis ils cessent tout à coup pour recommencer sur le même mode lent et grave.

Les préparatifs du départ ont été faits, en mettant à contribution la pharmacie du couvent, où nous avons trouvé du chloroforme pour asphyxier nos captures entomologiques et les empêcher de s'entre-dévorer. Nous y avons remplacé les flacons, qui ne se brisent que trop souvent pendant les chasses. De cette pharmacie assez complète sortent en foule des médicaments distribués gratuitement à tous les nécessiteux, et la liqueur si connue de la Chartreuse. Les rayons offrent de curieux vases à médicaments d'une forme antique, et portant l'indication de leur contenu pharmaceutique, tracée en vieux caractères. Le frère jardinier a eu besoin de nos conseils pour les pieds d'Angélique couverts d'*Aphis,* qui leur étaient fort nuisibles. Appelé auprès de ces malades d'un nouveau genre, j'ai prescrit pour traitement les lotions savonneuses, et je sais que les plantes ont été débarrassées de leurs parasites.

Nous avons pris congé du Révérend Père Général des Chartreux en lui témoignant combien nous avions été touchés de l'accueil qui nous avait été fait, et nous avons quitté les bons Religieux, dont l'hospitalité restera toujours présente à notre souvenir.

En revenant par Saint-Laurent-du-Pont, et en suivant le cours du Guiers, j'ai eu pour compagnon M. Chambovet. J'étais sûr qu'il ne m'avait encore fait connaître qu'une partie de ses remarques entomologiques. Cet obligeant collègue m'a communiqué, de grand cœur, ses observations faites à Saint-Étienne, et l'intérêt que j'ai eu à les entendre m'engage à les rapporter.

Vous savez, Messieurs, que les femelles de l'*Hoplia cœrulea* sont difficiles à trouver ; M. Mulsant signale ce fait, sur lequel M. Léon Dufour a pareillement insisté (1). M. Chambovet est parvenu à en prendre un grand nombre, et voici comment. Il avait essayé bien des fois de chercher, sur les bords de la Loire, la femelle de ce joli insecte au pied des plantes sur lesquelles les mâles étaient extrêmement communs. Je creusais la terre, me disait-il, je retournais les pierres

(1) Voyez MULSANT, *Lamellic. de France,* p. 517, et L. DUFOUR, *Ann. Sc. naturelles,* 4ᵉ série, IX, p. 5.

sans rien trouver. Découragé, j'abandonnai ce système et me mis à étudier l'allure des mâles, qui, placés de manière à être bien éclairés par le soleil, se tenaient cramponnés au sommet des Saules nains au moyen de leurs quatre pattes antérieures, tandis qu'ils avaient leurs deux grandes pattes libres, relevées au-dessus de leurs élytres.

Insensibles à mon passage ou à mon approche, ces *Hoplia* ♂ ne donnaient aucun signe de cette crainte, que l'instinct de la conservation produit chez la plupart des autres insectes. Or, comme ils n'étaient point endormis, mais en éveil, leur attitude n'était point indifférente ou prise en vain. Pour m'en assurer, j'en ramassai un grand nombre que j'établis autour de moi, et j'attendis. Bientôt, je vis passer au vol un insecte peu brillant, que j'atteignis d'un coup de filet, c'était une femelle de cette espèce d'*Hoplia*, bientôt j'en eus pris une seconde, en une heure, j'en avais, par ce moyen, recueilli une douzaine.

J'étais curieux de savoir comment la réunion des sexes s'effectuait dans ce sérail de mâles où la femelle jetait le mouchoir. Je ne perdis pas de vue la première qui parut. Elle vint, après quelques détours, se poser sur un mâle aux aguets, qui, la saisissant aussitôt avec ses longues pattes élevées au-dessus de ses élytres, la fit glisser sous lui et s'en rendit maître.

Mais les choses ne se passent pas toujours aussi simplement. Il arrive parfois qu'au moment où une femelle s'abat sur un mâle un peu trop lent, elle s'envole de suite, ou bien un mâle, voisin du premier, ayant vu la femelle se poser, s'en empare sur le corps même du premier mâle. Il s'ensuit alors une lutte pendant laquelle d'autres mâles arrivent et les combattants ne forment plus qu'une boule vivante d'un azur brillant, jusqu'au moment où l'un d'eux est resté vainqueur.

La même femelle s'accouple plusieurs fois, puis elle s'enfonce dans la terre pour lui confier sa progéniture.

M. Chambovet a élevé un grand nombre de larves. Les habitudes de la plupart d'entr'elles sont connues. Mais comme les faits de cette nature ne perdent pas à être constatés plusieurs fois, je les consigne tels que notre collègue me les a communiqués :

Les larves des *Pogonocherus pilosus* et *Grammoptera ruficornis* vivent dans le canal médullaire du Lierre, et ne creusent une loge dans le bois que pour s'y métamorphoser. Elles éclosent du 10 au 30 mai.

Les *Hallomenus fuscus, Orchesia micans, Mycetophagus multipunctatus* et *Dorcatoma Dresdensis,* vivent et subissent toutes leurs métamorphoses dans l'intérieur du *Polyporus sulphureus* desséché. Les insectes parfaits éclosent tous du 15 mai au 10 juin.

Les *Lycoperdons* morts ont fourni à notre collègue, les *Pocadius ferrugineus, Golgia succinta, Lycoperdina bovistæ* et *Dorcatoma bovistæ.* Tous ces insectes sont éclos au premier printemps. Cependant, il lui est souvent arrivé de prendre, vers la fin d'octobre, des *Pocadius* et des *Lycoperdina* à l'état parfait.

Le Peuplier nourrit les larves du *Melanophila decastigma* et de l'*Agrilus sexguttatus*. Le premier est éclos du 1er au 15 août, l'*Agrilus,* du 25 au 30 juin. Ces insectes déposent leurs œufs sur les arbres récemment abattus. La larve du *Melanophila* vit entre l'écorce et le bois, et, lorsque le moment de la transformation en nymphe approche, elle établit sa loge dans l'écorce. La larve de l'*Agrilus* passe sa vie entière dans l'épaisseur de l'écorce du Peuplier.

La route m'a paru courte, grâce à la causerie. Nous avons remarqué, à plusieurs reprises, le volume accru des eaux du Guiers ; nous trouvions souvent des cascades descendant des rochers, et qui n'existaient pas à notre premier passage. La pluie qui avait duré longtemps n'expliquait que trop cette exubérante humidité.

Notre rentrée à Grenoble ne fut pas directe, à partir de Saint-Laurent ; nous nous fîmes transporter à Sassenage, dont nous voulions visiter les grottes et *cuves*. Un guide fort peu intelligent nous y précéda muni d'une chandelle qui menaçait à tout instant de s'éteindre. Or, cette promenade dans des anfractuosités de rocher, dans des sortes de tuyaux de pierre entrecoupés d'abîmes où l'eau bouillonne, n'est pas sans danger. Je ne la conseille point aux personnes ankylosées. On s'étonne à bon droit que l'autorité, qui permet la visite de ces grottes, n'en facilite pas le passage au moyen d'anneaux de fer placés de distance en distance, et qui ne gâteraient point l'originalité du lieu. Disons, enfin, qu'une *Larentia dubitaria* a été prise par M. Millière, au fond de ces cavernes.

En quittant Sassenage, nous trouvions, sur notre droite, des roches calcaires disposées comme des fortifications, et formées d'assises d'une grande régularité qui augmentait la ressemblance. Tantôt ces assises étaient parfaitement horizontales, d'autres fois elles avaient une inclinaison oblique. Arrivés à Grenoble, nous avons arrêté, pour le lendemain, notre départ pour le Lautaret.

III. LE LAUTARET.

Tous les entomologistes qui avaient pris part à l'excursion de la Grande-Chartreuse n'ont pu venir dans les Hautes-Alpes. Ils ont employé le temps dont ils pouvaient disposer, en explorant Uriage, Allevard, la Chartreuse de Pré-molles, en un mot, la plupart des environs de Greno-ble. Je citerai, parmi les Insectes récoltés dans ces localités, les *Cymindis humeralis, Licinus Hoffmanseggii*, *Feronia externepunctata*, *Ocypus ater*, *Podabrus alpinus* et *Parmena Solieri*, pris à Uriage par plusieurs de nos collègues, et plus particulièrement par M. Bellevoye; le *Carabus nodulosus*, trouvé à la Chartreuse de Prémolles par M. Charles Dat. Les bords du Drac avaient offert les chenilles du *Deilephila hippophaes*, et, sur les fleurs composées, les *Zygœna erythrus* et *sarpedon;* en outre, les *Apion* et *Tychius meliloti, Pachybrachys hippophaes, Sciaphilus viridis,* etc.

M. Léon Fairmaire, qui avait remonté le cours de l'Isère, jusqu'à Conflans avait rapporté de cette localité, les *Lampra rutilans* et *conspersa*, le *Coniatus repandus*, qui se trouvait abondamment sur les *Tamarix* des sables de l'Isère, l'*Altica hippophaes*, très commune sur l'*Hippophae rhamnoides*, le *Bembidium bisignatum*, assez rare sous les graviers, la *Xanthochroa carniolica*, prise le soir pendant qu'elle volait autour des fleurs de Jasmin. Il avait capturé le *Cerceris arenaria*, emportant entre ses pattes un *Otiorhynchus sulcatus*. Vous avez, comme moi, Messieurs et chers collègues, admiré les travaux de MM. Léon Dufour et H. Fabre, sur l'instinct des *Cerceris*, et vous connaissez les mœurs de l'*arenaria*, qui fait une guerre acharnée aux *Curculionites*.

Une voiture spéciale et assez commode devait nous conduire à petites journées jusqu'au Lautaret. Quittant Grenoble de grand matin, nous avons pris une route opposée à
celle de Voreppe. Elle est large et droite, jusqu'au moment
où nous apercevons le pont de Claix, jeté sur le Drac par
Lesdiguières; mais alors, laissant le Drac sans le traverser,
nous nous sommes dirigés sur Vizille. Le pays que nous
parcourions ainsi est d'une grande fertilité; tantôt de belles
prairies, parfois un peu humides, tantôt de riches moissons,
de beaux arbres, des vignes, des champs de *Solanum*, de
Cannabis. Les *Vanessa Antiopa, Papilio Podalyrius*, l'*Apa-
tura Ilia*, viennent se reposer sur la route et s'envolent
à l'arrivée de la voiture. Ces Lépidoptères sont très communs en cet endroit. J'éprouve un grand plaisir à écouter
le chant des Cigales; je l'ai bien vite reconnu, quoiqu'il
n'eût pas frappé mon oreille depuis plus de douze ans.

Vizille a été notre première étape. Après y être restés le
temps d'un repas, nous continuons notre route. Traversant
la Romanche, nous trouvons une suite de collines qui vont
s'étageant les unes sur les autres, mais le fond large des
vallées est toujours couvert d'une belle végétation, de
moissons et d'arbres fruitiers. Bientôt, cependant, après
avoir dépassé Séchilienne, la vallée se rétrécit et nous apercevons à l'horizon un haut sommet et de la neige. Profitant
du ralentissement forcé des chevaux qui conduisent au pas
notre maison roulante, nous montons et descendons bien
souvent par la portière toujours ouverte. M. Paul Lambert
prend le *Dolichus flavicornis* sous une pierre, on trouve
encore les *Chlœnius tibialis, Carabus intricatus*, etc. Les
rochers commencent à être tapissés du charmant *Sempervivum arachnoideum*. Ils nous offrent aussi l'*Asplenium sep-*

tentrionale, et dans les parties schisteuses et humides, la *Primula viscosa*. L'*Erebia euryale*, des *Polyommates* et d'autres Lépidoptères alpins viennent se reposer sur les parties humides des rochers et au bord des petites flaques d'eau que les infiltrations produisent sur la route.

Nous avons rencontré, après avoir dépassé Séchilienne, des cantonniers brisant des pierres granitiques sur une sorte d'enclume cylindrique et creuse, formée d'un tronc d'arbre, évasée en haut, cerclée de fer. L'un d'eux nommait cet appareil, une *guise*, si je l'ai bien compris.

Après avoir traversé un défilé assez large, nous entrons dans un véritable cirque de montagnes et, par une route d'une rectitude et d'une longueur désespérantes, nous arrivons enfin au Bourg-d'Oisans. L'aspect en est sombre, les maisons sont brunâtres et enfumées.

Nous avions résolu de passer au Bourg-d'Oisans la fin de cette journée et celle tout entière du lendemain. Nous traversons la Romanche pour nous rendre au pied de la cascade, située en face du Bourg ; elle arrive et tombe entre deux rochers escarpés, dont la base est nue, semée de débris, où se plaisent les Vipères. Avant d'atteindre la cascade, on voit des cultures bien arrosées, entourées de fossés bordés de saules.

Au pied même de la cascade, nous prenons une grande quantité de *Bembidium*, parmi lesquels je ne mentionnerai que l'*eques;* les *Nebria picicornis*, *Heterocerus sericans*. Je trouve le *Parnassius Apollo* endormi sur une Carduacée. Les *Verbascum*, fort nombreux parmi les pierres éboulées, m'offrent en grand nombre les *Cionus ungulatus* et *Gymnetron thapsicola*.

Le soir, au crépuscule, la chasse des Microlépidoptères

nous donne un grand nombre de *Pyrausta sanguinalis* et de *Pterophorus*, tels que : *adactyla, megadactyla, nemoralidactyla, tristidactyla, paludidactyla.* Quand nous rentrons au Bourg-d'Oisans, les sommets couverts de neige des montagnes environnantes étaient seuls éclairés de ces teintes rosées, violâtres ou dorées, d'une délicatesse extrême que se rappellent toujours ceux qui les ont vues une fois.

Le lendemain, notre troupe s'est divisée en deux camps. L'un, sous la direction de M. Boisduval, a parcouru les montagnes du Sud, jusqu'à Villard-Eymond et Villard-Reymond ou St-Jean. Ces localités sont extrêmement intéressantes. Elles offrent presque l'Entomologie et la Flore du Lautaret. Notre Président y a retrouvé le *Lycœna Donzelii,* qu'il y avait découvert il y a trente ans; il y a pris, en outre, une variété de cette espèce sans points marginaux, le *Polyommatus Eurydice,* les espèces alpines d'*Erebia,* etc. Un montagnard lui a montré des *Carabus nodulosus* qu'il avait ramassés sur les hauteurs; M. P. Lambert a pris les *Cychrus attenuatus* et *Feronia metallica*; M. Boisduval a rapporté, dans sa boîte d'herborisation, les *Pinguicula grandiflora* et *alpina, Corallorhiza Halleri, Goodyera repens, Orchis albida, Artemisia Bocconi, Sibbaldia procumbens* et un grand nombre d'autres plantes rares.

La petite troupe qui suivait notre Président et qui s'était égarée dans ces régions alpestres conservera le meilleur souvenir de l'hospitalité cordiale de M. le curé de Villard-Eymond.

De notre côté, en compagnie de MM. Martin, Bruand, Constant, Bellevoye, etc., nous avons exploré les montagnes du Nord. M. Martin et moi-même gravissons, non sans peine, ni danger, un des rochers de la cascade où croissait l'*Asclepias vincetoxicum,* émaillé, comme de coutume, de nombreux *Chrysochus pretiosus.* Après avoir frugalement déjeuné au bord du torrent, dans un endroit où voltigeait par essaims le *Lycœna damon*, nous continuons notre ascension jusqu'au village d'Huez. Les prairies nous avaient abondamment offert sur ces hauteurs les *Polyommatus Eurydice, virgaureæ, Argynnis Niobe, Ino,* et une quantité vraiment considérable d'*Apollo.* Près d'Huez, j'ai pris au vol l'*Anthrax capucina.*

En arrivant dans ce malheureux village d'Huez, incendié depuis un mois à peine, nous avons trouvé le plus triste spectacle. Sur une centaine de maisons, disposées en amphithéâtre et rapprochées les unes des autres, quelques-unes à peine étaient restées debout, les autres avaient été dévorées par les flammes. Ce n'étaient plus que toits renversés, murailles noircies et tenant à peine sur un sol encombré de débris calcinés. Nous avons parcouru ces ruines. Un villageois nous a appris, non sans doléances, et elles n'étaient que trop justes, qu'une batiture de fer partie d'une forge était tombée sur un toit en chaume, où elle avait porté l'incendie qui avait couvé lentement.

Les flammes, poussées par un vent très fort et favorisées par une température élevée avaient enveloppé tout le village ; les habitants, dispersés dans les champs et revenus à la hâte n'ont pu qu'assister à cette scène de désolation. L'eau manquait, tout a été rapidement consumé.

On se hâtait de rebâtir quelques maisons et nous avons vu des mulets portant des ardoises sur le dos arriver jusqu'à Huez. Il serait indispensable de supprimer dans les villages les toitures en chaume qui propagent si vite l'incendie.

Nous dépassons Huez et atteignons les sommets. En face

de nous est la montagne limitrophe du Piémont. On en extrait une houille abondante, mais de mauvaise qualité.

Sous les pierres, nous trouvons en grand nombre, avec les *Cymindis humeralis*, *Calathus fulvipes*, *alpinus*, une belle variété d'un vert-bronzé foncé du *Carabus cancellatus*, l'*Amara rufocincta*, le *Cryptocephalus imperialis* à taches confluentes, la *Chrysomela limbata* et la commune *Forficula bipunctata*. Je dois mentionner le *Capsus triguttatus*, à cause de la taille qu'offre cet Hémiptère dans cette localité, il est du double plus grand que celui des environs de Paris.

Plusieurs *Aphodius* alpins fouissaient dans leur demeure ordinaire. J'ai pris au vol les *Rhizotrogus ochraceus* et *assimilis*. M. Bellevoye a trouvé le *R. cicatricosus*. Le *Stenobothrus variegatus* était fort commun.

Nous sommes revenus au Bourg par un chemin moins pénible que celui de l'ascension, mais néanmoins très fatiguant par ses zig-zags interminables.

C'est par une route moins longue que celle de notre arrivée, mais droite comme elle, que nous quittons le cirque de montagnes, où est situé le sombre Bourg-d'Oisans. Il est infiniment probable que l'espace renfermé entre ces monts a été jadis occupé par un vaste lac dont les eaux se seront écoulées du côté de Vizille. La route que nous suivons s'élève et nous traversons un défilé. Bientôt elle est tracée sur le flanc du rocher et bordée, à notre gauche, d'affreux précipices au fond desquels la Romanche coule dans un lit torrentueux. Le *Centranthus angustifolius*, la *Lavandula spica* nous offrent quelques *Zygènes* et des *Lépidoptères* diurnes alpins qui vont se reposer sur les sommités fleuries. A plusieurs reprises, nous passons sous de petits tunnels creusés dans le rocher. Cette route est très accidentée ; elle avait parfois des aspects vertigineux, quand, lancés à toute vitesse, nous regardions à notre côté, sans trottoirs, ni garde-fous, le torrent, dont le lit rempli de blocs ou de pierres énormes, grondait sourdement au fond d'abîmes taillés à pic ou hérissés de pointes aiguës.

Derrière nous sont le *Pémoutet* (mont du pied de mouton) et mont de Lans sur notre droite. En nous éloignant d'eux, je dois mentionner certaines cultures particulières aux Alpes et que nous avions, du reste, observées dans le département de l'Isère avant d'arriver au Bourg-d'Oisans. Elles donnent un aspect tout spécial au paysage.

Sur le bord des rochers, sur les pentes les moins escarpées, partout où se trouve de la terre végétale, on remarque des sortes de zones, de bandes transversales, couvertes de moissons et de cultures diverses. Quelques-unes arrivent au bord même du précipice, et il faut un pied montagnard pour aller les recueillir.

Près du Freney, on vient de construire un tunnel assez long, au sortir duquel la route sera considérablement élevée sur une terrasse bien bâtie. L'ancienne route est en mauvais état.

Nous atteignons le Pont-du-Dauphin, presque détruit par les inondations de 1856, et nous passons la Romanche qui coulera désormais à notre droite. Sur le bord des eaux, nous prenons la *Cicindela transversalis*, des *Chlænius*, des *Bembidium*; l'*Apollo* vole en grand nombre, les *Lycœna*, les *Polyommates* alpins se reposent sur les fleurs déjà signalées. Plusieurs cascades tombent et s'effilent en longues traînées vaporeuses du haut des arêtes de rochers. D'autres forment de petites bandes sinueuses et argentées, qui roulent avec bruit et conduisent à la Romanche le tribut provenant de la fonte des neiges.

Le pays que nous traversons est de plus en plus désert et sauvage ; ce ne sont plus les aspects des environs de Grenoble et de la Chartreuse, la route a été emportée en plusieurs endroits, nous en profitons pour descendre et butiner en marchant. Des arbres jetés en travers sur la Romanche servent de pont aux montagnards. Les cascades se multiplient ; nous apercevons même sur les rochers à droite, opposés à ceux que nous cotoyons, de grands espaces couverts de neige provenant d'avalanches non fondues. Ils semblent rapprochés de nous, mais on sait combien les distances sont trompeuses dans les pays de montagnes. Nous remarquons dans un talus de pierres et de fragments éboulés à notre gauche, sur les *Lavandula,* les *Centranthus,* les *Thymus alpinus, Centaurea paniculata, Artemisia camphorata,* bon nombre d'espèces alpines de Lépidoptères et d'Hyménoptères. Parmi elles, nous reconnaissons parfaitement la *Thais Medesicaste.*

Quelques chétives cabanes, situées au pied de la montagne, de l'autre côté de la Romanche, consistent en murs de pierre sèche adossés au rocher-paroi, leur toit est incliné pour ne pas céder sous le poids de la neige ; elles sont groupées les unes auprès des autres, et leur aspect est misérable.

Nous remarquons, sur les hauteurs et sur le flanc des montagnes de droite, les bois d'Efraux, composés en grande partie de Mélèzes. On y fait la chasse aux grands coqs de Bruyère *(Tetrao urogallus)* et aux Tétras à queue fourchue *(Tetrao tetrix).*

D'énormes blocs de rocher se sont détachés et ont roulé jusque sur la route, qui a dû se détourner devant ces obstacles. Nous découvrons de loin un sommet neigeux, un véritable glacier. La couche est considérable, éternelle. Nous touchons à La Grave-en-Oisans, village très heureusement situé pour le naturaliste.

Il est décidé que nos montures se reconforteront à La Grave et nous pareillement. Nous y avions été annoncés et nous y sommes convenablement reçus. On cultive à La Grave, dans quelques champs en zone dont j'ai déjà parlé, le *Secale cereale* et le *Solanum tuberosum* qui ne peuvent pas toujours y mûrir ou s'y multiplier. On y fait aussi un pain en forme de pavé cubique, composé de seigle, d'orge et de très peu de blé moulus. On le fait cuire pendant longtemps et pour la majeure partie des habitants à la fois; il est d'une longue conservation. Sa dureté est celle du biscuit de mer; nous en avons vu de trois années de date et qui ne paraissait point altéré. Pendant qu'on nous montrait ce pain, un petit garçon s'occupait à en grignoter un morceau.

Sur la terrasse de l'hôtellerie de La Grave on jouit d'un coup d'œil magnifique, la Romanche coule au bas, en face sont de vertes prairies, des sapins et des mélèzes espacés ou groupés en petites masses, le glacier couronne le tout. C'est un des sites les plus intéressants que nous ayons vus dans les Alpes. Je donnerai encore un souvenir à La Grave.

Les bords de la Romanche nous ont offert, sous les pierres, quelques *Carabiques,* la *Nebria picicornis* et une grande quantité de *Bembidium.*

Au sortir de La Grave, nous trouvons un tunnel considérable, sa longueur est de 800 mètres; il n'est pas droit, mais un peu recourbé; en pénétrant au fond des ouvertures latérales qui ont servi aux déblais, la vue tombe sur d'effrayants précipices. On terminait les travaux de maçonnerie de ce tunnel du côté de La Grave, à l'époque de notre passage.

La route continue à s'élever, chacun de ses détours est marqué par un long poteau de bois, pareil à ceux des télégraphes électriques sur les lignes de chemins de fer. Ils sont destinés à indiquer la route dans la saison des neiges. Le paysage devient de plus en plus sauvage. Les monts ont leur cime dépouillée, leurs flancs sont grisâtres, raboteux, et n'offrent plus d'arbres, de sapins éparpillés. Toute végétation frutescente a disparu. Par contre, le long de la route, à notre gauche, l'œil se repose sur de belles prairies alpines.

Nous apercevons le clocher incliné de Villar-d'Arène. La route s'élève toujours. Nous la faisons à pied, et, en cherchant sous les pierres, MM. Bellevoye et Lambert prennent la *Cicindela chloris* qui s'y était réfugiée.

Enfin, avançant toujours, et après une montée extrêmement raide, nous apercevons de loin un bâtiment fort bas, situé à l'extrémité d'une magnifique prairie. La route fait un détour pour s'y rendre. Nous sautons tous dans l'herbe et arrivons au Lautaret, à travers les plantes hautes d'un mètre en plusieurs endroits.

En soulevant les pierres des sentiers qui traversent la prairie, j'ai trouvé quelques intéressants Carabiques, *Cymindis axillaris* et *coadunata, Harpalus lœvicollis, Amara monticola*, et dans leur gîte habituel, les *Aphodius obscurus* et *alpinus*.

L'impression que produit à première vue l'ancien Hospice du Lautaret n'est pas des plus attrayantes. Le bâtiment se compose d'un rez-de-chaussée et d'un étage peu élevé, solidement construits, ayant la forme rectangulaire. Il est placé sur le point le plus élevé de la route de Turin, et toutes les voitures s'y arrêtent en passant.

Pénétrons dans l'intérieur. C'est d'abord une sorte de vestibule obscur, à sol inégal ; dans un recoin à droite se trouve une fontaine où coule une eau abondante ; nous cherchons à gauche et à tâtons la porte d'entrée. Nous voici dans une salle assez vaste, mais sombre, chauffée par un poêle. Elle est voûtée, avec les arêtes de la voûte simples, sans ornements. Autour d'une longue et solide table sont nos collègues et quelques montagnards, qui bientôt nous cèdent la place. La famille Amieu, qui habite le Lautaret, nous reçoit avec bonheur et nous comble de prévenances.

A la suite de cette pièce en est une autre, voûtée comme elle, où s'est déjà établi notre collègue, M. Thibézard, qui nous a précédés au Lautaret. Je pourrais l'appeler chambre présidentielle, parce qu'elle a reçu notre Président. Il y a trouvé un bon lit, mais, en outre, une collection de *Pulex* et une grande humidité.

J'ai toujours aimé à voir les objets dans leur ensemble ; je suis plusieurs collègues qui grimpent déjà sur un monticule, en face de l'ancien Hospice. En soulevant les pierres, nous prenons en grand nombre la *Feronia Honnoratii*, la *Cymindis axillaris* ; des *Rhododendron ferrugineum* rabougris couvrent le sol autour de nous, ainsi que l'*Empetrum nigrum* et l'*Arnica montana* en pleine floraison. La *Zygœna exulans* se trouve par milliers sur toutes les plantes. Elle est d'une abondance excessive.

Vu de notre observatoire, le Lautaret forme le seul relief de la route sinueuse qui s'élève du côté de Villar-d'Arène, et qui va s'abaissant du côté de Briançon. Le premier étage va toucher le sol sur notre droite, d'où nous pouvons conclure que les animaux domestiques, les bestiaux, peuvent s'y rendre quand le rez-de-chaussée a disparu sous la neige. Derrière nous est le mont Haut-Richard, devant nous le Galibier, que nous gravirons demain ; à droite, au loin, un poste de douaniers établi dans une maisonnette et formant un point dans cet espace désolé, encombré de montagnes nues et grisâtres, étagées, amoncelées les unes sur les autres.

La nuit arrive subitement dans ces hautes régions, hâtons-nous de revenir. Nous nous assurons que le toit du Lautaret, vu horizontalement, est au-dessus de ces grandes plaques de neige qui revêtent le Haut-Richard. Entrons de nouveau au Lautaret. Prenons gaîment notre repas d'une simplicité rustique. Le *Génépi* des Alpes a remplacé la liqueur de la Chartreuse. J'apprends que l'ancien Hospice du Lautaret a été construit pour recueillir les voyageurs pendant l'hiver.

On y avait placé une cloche qui était sonnée pendant les tourmentes et quand la neige tombait, mais on a été obligé de l'enlever parce que le son de cette cloche répété par les échos des montagnes trompait souvent le voyageur et l'égarait au lieu de le diriger. Ces longs poteaux, qui indiquent la route et qui me paraissaient fort élevés, sont parfois enfouis sous la neige. Alors on en place d'autres à l'endroit qu'occupaient les premiers, et ils servent de guide aux courriers qui vont en traîneau sur la route et auxquels il arrive peu d'accidents. Quand l'usage des poteaux superposés est devenu indispensable, les habitants du Lautaret gagnent Villar–d'Arène et laissent leur domicile enfoui dans la neige.

Le moment du repos étant venu, je cherchais des yeux où pourraient être les lits de notre troupe. J'ai été bientôt satisfait. Nous repassons dans le vestibule, et là, grimpant à une échelle assez droite, nous nous trouvons dans le premier étage, grenier et remise, tout à la fois, où nous nous étendons dans des couvertures et sous des couvertures, sur les graminées desséchées de la prairie. La même couverture *sus–enveloppante* recouvrait de deux à trois d'entre nous, suivant son ampleur. Quelles gaies réflexions avant le sommeil ! Nous n'avons pas eu le lit de la chambre du rez-de-chaussée, mais l'humidité ne nous a point incommodés et nous n'avons pas constaté la présence des *Pulex, Cimex,* etc.

Sur pied avant l'aube, après les ablutions ordinaires, nous commençons l'ascension du Galibier en traversant de superbes prairies. Nous y remarquons, entre autres plantes, parmi le *Veratrum* aux larges feuilles, les *Gentiana bavarica, Anemone narcissiflora, Brassica Richeri, Aquilegia alpina,* etc., un *Narcissus* voisin du *poeticus* et qui constituera peut-être, suivant M. Boisduval, une nouvelle espèce. Nous franchissons un torrent peu profond, mais assez large, puis par un sentier raide, nous arrivons aux châlets qui dominent le Lautaret, et au-dessus desquels la montagne devient de plus en plus escarpée. Au soleil levant, nous avons pris les *Parnassius Phœbus, Lycœna optilete, orbitilus, eros, pheretes, eumedon,* etc. Autour des châlets, nous trouvons une collection fort singulière, et parfaitement alignée en quinconces, de *stercus bovinum* séchant à l'air sur la terre ou sur des toits inclinés. Il était évident que ces étranges produits avaient été soigneusement ramassés dans les prairies ou le long des sentiers et transportés de là et de l'étable au séchoir commun, où ils avaient été disposés avec ordre. Quelle pouvait être leur utilité? On me l'expliqua et j'y ai cru plus tard, *de visu*, en apercevant les petites masses avec lesquelles le feu du foyer était entretenu au Lautaret. L'odeur elle-même avait quelque chose de spécial qui révélait la nature du combustible. Le bois n'existe pas à plusieurs lieues à la ronde. Le *stercus bovinum* desséché en tient lieu. Nous avons mangé de la cuisine préparée avec ce feu d'origine nouvelle pour nous.

Les *Stenobothrus viridulus* sautent dans les prairies alpines; les *Erebia alecto, gorge*, et sa jolie variété *erynnis* volent sous les rayons d'un chaud soleil. Le *Cirsium spinosissimum*, d'une superbe végétation, borde les sentiers que nous suivons, mais il est de moins en moins avancé à mesure que l'altitude est plus considérable.

Les *Aphodius* qui fréquentaient les quinconces des châlets étaient fort nombreux, nous y avons trouvé, ainsi que sous les déjections nouvellement déposées sur le sol et non encore récoltées, les *Aphodius obscurus, atramentarius, alpinus, nivalis,* etc.

Les pierres soulevées avec persévérance nous ont fourni les *Amara ingenua, picea*, les *Harpales monticoles*, et surtout une grande quantité de *Forficula bipunctata*. Cette espèce est encore plus commune au Lautaret qu'à la Grande-Chartreuse et au-dessus du village d'Huez.

Notre ascension se poursuivant toujours, je trouve l'alpestre *Gomphocerus (Stenobothrus) sibiricus*. Nous dépassons des creux remplis de neige qui, en fondant, forme le torrent que nous avons dû franchir au départ. Près de la neige, nous trouvons les *Nebria castanea* et *nivalis*, le *Bembidium bipunctatum*, puis nous élevant toujours par des sentiers en zig-zag et à peine tracés sur un sol incliné, très garni de menus débris, fort peu commode à gravir, nous touchons au point terminal de notre ascension. Nous sommes sur le faîte du Galibier, où nous pouvons mettre un pied en France et l'autre en Sardaigne.

Le spectacle que nous avions de ce haut sommet nous dédommageait de nos fatigues. Le mont Blanc apparaissait avec sa large cime neigeuse, le mont Ventoux, le mont Viso, le mont Pelvoux, dominant d'autres pics moins élevés, s'élevaient autour de nous. Sur la petite plateforme où nous étions placés, M. Martin prit une *Pieris callidice* qui passait à tire-d'aile de France en Piémont. Il me montrait aussi, dans sa boîte de chasse, l'*Anaitis simpliciaria* (1), publiée, comme vous le savez, sous les noms de *Magdalenaria* et de *Pierretaria*, et que M. Azambre avait déjà prise sur les hauteurs du Lautaret (2).

N'oublions pas de noter les captures de la *Pachyta interrogationis, Luperus viridipennis, Oreina nivalis* faites sur les fleurs, à moitié chemin de notre ascension. N'omettons ni les plantes que nous avions si près de nous sur le sommet du Galibier, le *Ranunculus glacialis*, les deux *Saussurea alpina* et *discolor*, le *Dracocephalus Ruyschianus*, le *Dianthus neglectus*, le *Myosotis nana*, ni les diverses espèces de Génépi que nous avons trouvées sur notre route. La descente fut rapide, chacun allant de son côté. J'ai suivi dans le bas le sentier qui mène à la demeure des Douaniers, j'y ai pris, au vol, la *Cicindela chloris* et au bord du torrent, l'*Anthrax bifasciata*.

(1) Voyez Guénée, *Hist. nat. des Lépidoptères*, etc., tome X, page 501, n° 1732, 1857.

(2) Voyez *Annales de la Société Entomologique de France*, 1858, Bullet. XII.

Je dois dire que les *Tabanus micans* et *luridus* étaient extrêmement communs et qu'ils n'ont cessé de voler autour de nous, se reposant, s'envolant et revenant se poser encore jusqu'auprès du sommet, pour devenir nos insupportables compagnons jusqu'à la porte du Lautaret.

Nous avons remarqué souvent, sur les gros blocs de rochers éboulés, le *Fringilla nivalis* et l'*Accentor alpinus*, qui s'y posent pendant longtemps et qui font entendre un petit cri plaintif et monotone. Des bandes nombreuses de *Pyrrhocorax* volaient sur les hauteurs, et, le matin, le toit et la cheminée du Lautaret en étaient couverts. Nous les avons aperçus en aussi grand nombre à La Grave.

Après un repas aiguisé par un bon appétit, nos courses recommencent. Autour du Lautaret, je trouve en quantité l'*Ocypus picipennis* sous des pierres, et je vois là, pour la deuxième fois, des provisions considérables du même combustible que j'avais trouvé séchant près des châlets.

M. Boisduval ne résiste pas à l'envie de monter sur le Haut-Richard, et je l'accompagne. Un petit berger nous guide, et il emmène une chèvre dont l'agilité nous aiguillonne. Cette course a été moins productive pour l'Entomologie que pour la Botanique ; nous n'avons pris que des Coléoptères, quelques *Erebia* et quelques *Géomètres* peu rares pour nous et déjà capturées la veille ou le jour même sur le Galibier.

Dans la soirée, les lépidoptéristes ont pu chasser avec succès au crépuscule. Devant le Lautaret, ils ont pris en grand nombre l'*Hepialus humuli,* dont le vol saccadé est si particulier.

Plusieurs de nos collègues partent le soir pour atteindre Villar-d'Arène. Nous passons une deuxième nuit, dans les mêmes conditions que la veille, et, le lendemain, de grand matin, nous quittons le Lautaret et retournons à La Grave, en revoyant les sites désolés que nous avions si lentement parcourus à notre arrivée; vers le milieu du jour, nous étions rendus au Bourg-d'Oisans.

Favorisés par une belle journée et un chaud soleil, nous chassons avec ardeur près de la cascade. Nous nous assurons par nos prises *Pandarus tristis, Mylabris variabilis, Satyrus eudora, Rhodocera Cleopatra,* que cette localité est très méridionale.

Nous trouvons les chenilles de la *Cucullia canina* sur la *Scrophularia canina,* le *Syrichthus lavateræ,* le *Lycœna dorylas* se reposant sur une *Toffieldia.*

Nous cueillons de belles touffes de la jolie *Linaria alpina.* Plusieurs espèces intéressantes sont récoltées par nos collègues, entr'autres, les *Deleaster dichrous, Haliplus elevatus, Anthaxia sepulchralis, Syncalypta setigera, Xyletinus pectinatus, Lampyris splendidula,* des *Cetonia, Hoplia, Anomala,* les *Otiorhynchus hirticornis, Astynomus griseus, Cryptocephalus bilineatus* à taches confluentes, etc., etc.

Dans un champ où l'herbe est clair-semée, je prends en grande abondance la *Cicindela germanica* et cette fois encore je m'assure qu'elle peut voler, mais peu loin. Au bord d'un fossé, je recueille aussi des *Cicindela transversalis ;* au vol, quelques Diptères, tels que l'*Anthrax fenestrata* et *sinuata,* les *Leptis lineola* et *Xylota segnis.*

Ce qui m'étonne le plus, c'est de trouver un grand nombre d'*Acrydium migratorium* à l'état parfait et faisant bruyamment usage de leurs ailes, près du champ où j'ai pris la *Cicindela germanica.*

Avant de revenir au Bourg-d'Oisans, nous avons mis à mort, sans pitié, une Vipère. Mais, à notre retour, nous sommes bien étonnés de voir une immense quantité d'*Acry-dium* à l'état de larve et de nymphe noyés ou écrasés à l'entrée du Bourg, sur la route. Nous apprenons que ces insectes existent par myriades de ce côté de la Romanche, qu'ils n'ont pu franchir. Ainsi m'est expliquée la présence exclusive des individus parfaits de l'*Acrydium migratorium*, près de la cascade, car ils ont pu traverser la Romanche à l'aide de leurs ailes. Les larves de ces insectes ont déjà produit d'effroyables dégâts ; les récoltes de céréales ont été détruites sur pied, les végétaux ligneux dépouillés de leurs feuilles, ils attaquent même les *Arundo phragmites*.

On nous dit qu'un habitant du pays ayant aperçu une sorte de nuage qui arrivait du côté du Sud, fut très étonné de voir, après la chute de ce nuage, la terre littéralement couverte de *Sauterelles*. C'étaient les *Acrydium* qui s'abattaient aux environs du Bourg-d'Oisans. On traita l'observateur de visionnaire, mais il ne s'était pas trompé, il n'avait que trop bien vu.

L'*Acrydium*, qui a causé les ravages que nous avons constatés au Bourg-d'Oisans, est le *migratorium* de Linné ou le *Pachytylus migratorius* des auteurs modernes. Vous savez, Messieurs, que cette espèce, si anciennement connue, a été plusieurs fois observée en France ; et cette année même des milliers de ces Insectes dévastateurs se sont répandus en Suisse (1) et dans plusieurs contrées (2).

(1) Voyez un récent travail de M. A. Yersin, sur le *Pachytylus migratorius*, publié dans la *Bibliothèque universelle de Genève* (*Arch. Sc. phys. et nat.* LXIII année, III, 267, 1858). — Voyez aussi une note de M. le docteur H. Dor, insérée dans ce volume, page ccxxiv du *Bulletin*.

(2) J.-A. Barral, *Journal d'Agriculture pratique*, 1858, II, n° 15, page 92.

Les larves et nymphes, si voraces, étaient assurément celles de l'*Acrydium migratorium*. Elles offraient des taches bleuâtres très remarquables de chaque côté de leur thorax. Plusieurs larves d'*Acrydidæ* présentent cette livrée pendant les premières périodes de leur existence.

Depuis les dégâts des *Acrydium*, signalés dans plusieurs passages des livres sacrés, ces insectes ont acquis la plus grande et la plus triste célébrité par leurs ravages extraordinaires. Je ne puis, Messieurs et chers collègues, que vous rappeler, à ce sujet, les récits rapportés dans les ouvrages spéciaux. Audinet-Serville, Solier (1), Fischer de Waldheim (2), MM. Brullé (3), Fischer de Fribourg (4), Levaillant, Guyon (5), etc., ont été les historiens de ces calamités, de la destruction des récoltes et de toutes les matières végétales accessibles à la dent meurtrière de ces insectes.

La plupart des bandes de *Sauterelles de passage*, qui ont paru en Europe à diverses époques, étaient composées de *Pachytylus migratorius* et parfois de *P. cinerascens* F. L'*Acrydium italicum* Linn. est encore une espèce qui a été signalée en Europe comme émigrante (6).

(1) Aud.-Serville, *Histoire des Orthoptères*, Suites à Buffon, page 555 et suiv. — Solier, *Ann. Soc. Ent. de Fr.*, 1833, 436.

(2) Fischer de Waldheim, *Orthoptères de la Russie*, page 21 et pages 293 et suiv.

(3) Audouin et Brullé, *Hist. des Insectes*, etc., tome IV, p. 199 et suiv.

(4) Fischer de Fribourg, *Orthoptera Europæa*, pages 49, 50, 292 et 293.

(5) Levaillant, *Comptes-rendus de l'Acad. des Sciences*, 1845, tome XX, page 1041.—Guyon, *idem*, page 1499, et tome XXI, page 1107.

(6) Aud.-Serville, *Orthoptères*, page 687.

Dans le nord de l'Afrique et en Orient, l'*Acrydium pere-grinum* OLIV. est une des espèces dont les migrations se renouvellent le plus souvent et qui causent le plus de ravages (1). L'*Acrydium lineola* F. a été aussi indiqué dans le nord de l'Afrique, comme pouvant émigrer.

Enfin, le *Stenobothrus cruciatus* CHARP. (*Stauronotus cruciatus* FISCH.), est une des espèces émigrantes les plus dévastatrices du nord de l'Afrique.

Vous vous rappelez, Messieurs, les calamités qui suivent l'apparition de ces insectes ; la famine obligée, les maladies résultant de la viciation de l'air par les émanations pestilentielles de leurs innombrables corps en putréfaction. M. Guyon (2) a signalé les odeurs infectes répandues par leurs déjections. J'ai été moi-même étonné de la très grande quantité d'excréments que plusieurs de ces insectes, rapportés vivants à Paris, ont fournie avant de mourir.

Leurs troupes, quoique considérables au Bourg-d'Oisans, n'ont pas, que nous sachions, produits d'autres malheurs que ceux d'une disparition des récoltes. Espérons que ces insectes ne se reproduiront pas en grand nombre, l'année prochaine, dans les contrées qu'ils ont dévastées.

Après une nuit passée à Bourg-d'Oisans, nous rentrons à Grenoble, où nous restons une journée avant de regagner Paris.

Avant de quitter cette ville de Grenoble, si intéressante pour nous, nous avons visité ses collections d'histoire natu-

(1) OLIVIER, *Voyage dans l'Empire Othoman, l'Egypte et la Perse*, tome II, pages 424 et 425. — A.-SERVILLE, *Hist. Orth.*, page 667, et *Ann. Soc. Ent. France,* 1845, *Bull.* CXI.

(2) GUYON, *Comptes-rendus de l'Acad. des Sciences,* 1845, tome XX, page 1500.

relle, son riche Musée de tableaux, sa Bibliothèque publique, ses monuments, sa Citadelle, etc. Les renseignements qui suivent sont dignes de fixer votre attention.

Les collections d'histoire naturelle du Musée sont admirablement tenues. Elles sont classées et étiquetées avec soin. Les oiseaux des Alpes y sont très complétement représentés; les insectes de l'Isère et des Alpes y figurent en assez grand nombre, à part les petites espèces. Les collections de minéralogie peuvent être citées au nombre des plus riches et surtout des plus remarquables de France pour la beauté de leurs échantillons. Cet établissement fait le plus grand honneur à M. le professeur Bouteille, qui en est le conservateur éclairé.

Le Jardin botanique pourrait servir de modèle à plusieurs jardins de ce genre. M. le professeur Verlot, qui a l'amour des plantes, apporte à l'arrangement un soin de tous les instants. C'est, sans contredit, l'un des jardins publics de France où les espèces sont le mieux classées. Nous regrettons seulement que les serres d'un établissement aussi remarquable ne soient pas en rapport avec son importance.

L'Ecole d'arboriculture est bien dirigée et nous avons été étonnés d'y rencontrer des arbres aussi bien conduits. Le local servant à la Société d'acclimatation, sous la haute direction de M. Réal, nous a paru beaucoup trop resserré. Il renferme quelques animaux assez précieux qui paraissent bien portants. Nous avons remarqué, entr'autres, quelques belles races de Poules et une belle paire de Yacks.

Je vous rappellerai, en terminant, que M. le Secrétaire général de la Préfecture de l'Isère a consulté votre Président sur les ravages des *Acrydium migratorium* et sur les moyens à prendre pour y remédier.

Tels sont, Messieurs et chers collègues, les principaux détails de la deuxième session extraordinaire de notre Société. Elle a satisfait tous ceux qui ont pu y prendre part. C'est une joie pour le naturaliste de se soustraire momentanément à la vie ordinaire et aux intérêts matériels dont aucun de nous ne peut être exempt, de ramasser bêtes et simples et de se reposer au milieu des Alpes, dans une cellule de la Grande-Chartreuse ou sous le toit du Lautaret.

Il me reste à vous faire connaître les noms des principaux insectes et des plantes qui ont été recueillis pendant nos excursions. Vous y trouverez peu d'espèces nouvelles; le temps nous a été médiocrement favorable, et nous avons parcouru trop vite les meilleures localités.

Mais, pourrions-nous ne pas signaler, avec la Grande-Chartreuse et Saint-Laurent-du-Pont, les environs de Grenoble, de Vizille, Séchilienne, le Bourg-d'Oisans, et surtout La Grave? A ceux qui iraient s'établir pendant une saison convenable dans ces endroits privilégiés, nous pouvons promettre une abondante, une précieuse récolte, aussi leur disons-nous avec le poète :

Les moissons de ces champs lasseront vos faucilles...
Et les fruits passeront les promesses des fleurs !

LISTE DES INSECTES PRINCIPAUX

*Recueillis aux environs de Grenoble, à la Grande-Chartreuse
et dans les Hautes-Alpes (au Bourg-d'Oisans et au Lautaret)
pendant la Session extraordinaire de Juillet 1858.*

COLÉOPTÈRES (1).

Cicindela sylvicola. — Grande-Chartreuse.

       { *gallica* BRULLÉ. — Lautaret.

       { *chloris* DEJ.

       hybrida var. *riparia.* — Route de Bourg-d'Oisans.

       transversalis.—Gr.-Chartreuse et Bourg-d'Oisans.

Nebria picicornis. — Bourg-d'Oisans, La Grave.

       nivalis. — Lautaret.

       Jockischii. — Id.

       castanea. — Grande-Chartreuse et Lautaret.

Leistus fulvibarbis. — Grande-Chartreuse.

Carabus monilis var. noire. — Sur toutes les montagnes.

       cancellatus var. d'un vert bronzé obscur.—Monta-
       gnes d'Huez.

       nodulosus. — Chartreuse de Prémolles, Villard–
       Eymond.

       auronitens. — Grande-Chartreuse.

---

(1) Cette liste a été rédigée d'après les notes et les communications
qui nous ont été fournies à M. Léon Fairmaire et à moi-même, par
MM. Bellevoye, Cartereau, Gougelet, Paul Lambert et Legrand.

Carabus violaceus (1). — Grande-Chartreuse.

      convexus. — **Id.**

      intricatus. — Bourg-d'Oisans.

Cychrus rostratus (2). — Gr.-Chartreuse, Bourg-d'Oisans.

      attenuatus. — **Id.**, id. et Chartreuse de Pré-
molles.

Cymindis humeralis. — Commune sur toutes les montagnes.

      axillaris. — Saint-Nizier, Lautaret.

      coadunata. — Bourg-d'Oisans et Lautaret.

      vaporariorum. — Lautaret.

Dromius fenestratus. — Grande-Chartreuse.

      quadrillum. — Id., Bourg-d'Oisans.

Lebia crux minor. — Bourg-d'Oisans.

Chlœnius tibialis var. à pattes brunes. — Séchilienne, La
Grave.

Licinus cassideus. — Bourg-d'Oisans.

      Hoffmanseggii. — Uriage.

Dolichus flavicornis. — Route de Bourg-d'Oisans.

Calathus fulvipes. — Sur toutes les hauteurs, très commun.

      micropterus. — Uriage, Bourg-d'Oisans, Prémolles.

      alpinus. — Grande-Chartreuse, Huez, Lautaret.

Taphria nivalis. — Grand-Som.

Feronia cuprea var. noire. — Sur toutes les montagnes.

      dimidiata. — Grande-Chartreuse.

---

(1) Les individus trouvés à la Grande-Chartreuse (à Bovinant) se rapportent parfaitement au *Carabus exasperatus* Dufts., qui n'est qu'une variété du *C. violaceus* Linn., (*Faun. Ent. Fr.*, I, 20). C'est la variété C du *Carabus violaceus* décrite par M. Schaum (*Naturg. Ins. Deut.*, I, 154, 1856).

(2) Cet insecte a constamment été pris dans les troncs d'arbres décomposés.

Feronia lepida var. noire. — Sur toutes les montagnes.
  spadicea. — Grande-Chartreuse.
  maura. — Grande-Chartreuse, Lautaret.
  parumpunctata. — Uriage, Saint-Nizier, Pré-
    molles, etc.
  Panzeri. — Grande-Chartreuse.
  Lasserrei. — Id.
  Hagenbachii. — St-Nizier, Grande-Chartreuse.
  Honoratii. — St-Nizier, Prémolles, Lautaret.
  Prevostii. — Id., Grande-Chartreuse.
  externepunctata. — Uriage, Prémolles.
  Yvanii. — Grande-Chartreuse, Lautaret.
  metallica. — Prémolles, Villard-Eymond.
Amara patricia. — St-Nizier, Prémolles, Lautaret.
  ingenua. — Lautaret.
  municipalis. — Grande-Chartreuse.
  monticola. — Lautaret.
  communis. — Grande-Chartreuse.
  familiaris. — Id., Lautaret.
  curta. — St-Nizier.
  picea. — Id.
  crenata. — Lautaret.
  { *rufocincta* SAHLB. — Montagnes d'Huez.
  { *grandicollis* ZIMM.
Diachromus germanus. — Uriage, etc.
Harpalus rubripes. — Prémolles, Grande-Chartreuse.
  patruelis. — Sur toutes les montagnes.
  honestus et var. *ignavus.* — Grande-Chartreuse.
  consentaneus. — Id.
  hottentiota. — St-Rambert, Grande-Chartreuse.

Harpalus { *fulvipes* F. — Grande-Chartreuse.
{ *limbatus* GYLL.
{ *lævicollis* DUFT.—Prémolles, Grande-Chartreuse,
{ *satyrus* DEJ.   Lautaret.

Trechus areolatus. — Grande-Chartreuse, Bourg-d'Oisans.

Bembidium 4-*signatum.* — Bourg-d'Oisans.
{ *varium* OLIV. — Au bord des torrents, commun,
{ *ustulatum* FAB.   Gr.-Chartr., B.-d'Oisans, etc.
 fulvipes. — Id., Bourg-d'Oisans.
 nitidulum. — Id., Grande-Chartreuse.
{ *fasciolatum.* — Bourg-d'Oisans, La Grave, etc.,
{ var. *cœruleum.*   commun.
 tibiale var. — La Grave.
 bisignatum. — Conflans.
 eques. — Sᵗ-Laurent-du-Pont, Bourg-d'Oisans.
 tricolor. — Bourg-d'Oisans, La Grave.
 conforme. — Id., rare.
{ *Andreæ* FAB. — Bourg-d'Oisans, etc.
{ *cruciatum* DEJ.
 femoratum. — Id.
 distinguendum. — Bourg–d'Oisans.
 rufipes. — Id., commun.
 Sturmii. — Sᵗ-Nizier.
 bipunctatum. — Lautaret.
 caraboides. — Bourg-d'Oisans.

Agabus guttatus. — Grande-Chartreuse.

Hydroporus Davisii. — Saint-Laurent-du-Pont et dans les bassins du Couvent.
 septentrionalis. — Sᵗ-Laurent-du-Pont, Grande-Chartreuse.

Hydroporus Sanmarkii. — Sᵗ-Laurent-du-Pont.

    vittula. — Grande-Chartreuse.

Haliplus elevatus. — Bourg-d'Oisans.

Elophorus elevatus. — Sᵗ-Laurent-du-Pont, Lautaret.

Hister marginatus. — Grande-Chartreuse.

    funestus. — Sᵗ-Nizier, Grande-Chartreuse.

Saprinus conjungens. — Sᵗ-Rambert, Grande-Chartreuse.

Silpha nigrita var. *alpina.* — Gr.-Chartreuse, Lautaret.

Anisotoma rotundata. — Lautaret.

Batrisus formicarius. — Grande-Chartreuse.

Othius alternans, — Id.

Staphylinus hirtus. — Sᵗ-Nizier, Huez, etc.

    lutarius. — Sᵗ-Nizier.

    chalcocephalus. — Id.

    pubescens. — Id.

    fossor. — Id., Prémolles.

    picipennis. — Lautaret.

    fulvipennis. — Grande-Chartreuse.

    ater. — Uriage.

Philonthus intermedius. — Sᵗ-Nizier.

    nitidus. — Grande-Chartreuse.

    decorus. — Prémolles.

    lucens. — Sᵗ-Nizier.

Pœderus longicornis. — Sᵗ-Laurent-du-Pont, Sᵗ-Rambert.

Deleaster dichrous. — Bourg-d'Oisans.

Trigonurus Mellyi. — Grande-Chartreuse.

Anthophagus armiger. — Id.

    alpinus. — Id.

    caraboides. — Id.

Thymalus limbatus. — Id.

Syncalypta seligera. — Bourg-d'Oisans.
Byrrhus signatus. — Grande-Chartreuse.
    ornatus. — Id.
    arcuatus. — Id.
    fasciatus. — Id.
    varius. — Id.
Parnus striato-punctatus. — St-Laurent, Gr.-Chartreuse.
    viennensis. — St-Rambert.
    auriculatus. — Grande-Chartreuse.
    substriatus. — Id.
Elmis angustatus. — St-Laurent, Gr.-Chartreuse.
    subviolaceus. — Id.
Heterocerus fossor. — St-Rambert.
    sericans. — Bourg-d'Oisans.
Ceruchus tarandus (larve). — Sapins de la Gr.-Chartreuse.
Onthophagus nutans. — St-Nizier.
    lemur. — Id.
Aphodius scrutator. — Id.
    { *hæmorrhoidalis.* — Id., Prémolles.
    { var. *sanguinolentus* Herbst.
    immundus. — St-Rambert.
    { *alpinus* Scopoli. — Grande-Chartreuse, Huez,
    { *rubens* Comolli.   Lautaret.
    bimaculatus var. noire. — Gr.-Chartreuse.
    { *obscurus* Fab. — Sur toutes les montagnes,
    { *sericatus* Schmidt.   commun.
    discus. — Lautaret.
    atramentarius. — Gr.-Chartreuse, Lautaret.
    { *carinatus* Germ. — Lautaret.
    { *nivalis* Muls.

Hoplia farinosa. — Bourg-d'Oisans.
Rhizotrogus cicatricosus. — Id.
> { *ochraceus* KNOCH. — Id., Huez, Prémolles.
> { *Fallenii* GYLL.
> { *assimilis* HERBST. — Bourg-d'Oisans et mont.
> { *aprilinus* DUFTS.　　　　 d'Huez.
> *ater.* — Sᵗ-Nizier et Bourg-d'Oisans.
Cetonia œnea. — Bourg-d'Oisans.
> *marmorata.* — Id.
Trichius fasciatus. — Grande-Chartreuse, Prémolles, Bourg-
> d'Oisans.
Capnodis tenebricosa. — Sᵗ-Nizier.
Anthaxia sepulchralis. — Bourg-d'Oisans.
Athous Dejeanii. — Sᵗ-Nizier, Grande-Chartreuse.
Cryptohypnus rivularius. — Sᵗ-Laurent-du-Pont.
Diacanthus œneus. — Sᵗ-Nizier, Grande-Chartreuse.
Corymbites cupreus. — Grande-Chartreuse.
Campylus linearis. — Uriage.
Telephorus albo-marginatus. — Gr.-Chartreuse, Prémolles.
Rhagonycha abdominalis. — Grande-Chartreuse.
> *testacea.* — Id.
> *fuscicornis.* — Id.
Malachius marginellus. — Prémolles.
> *ruficollis.* — Id.
Colotes trinotatus. — Grande-Chartreuse.
Lampyris splendidula. — Bourg-d'Oisans.
Podabrus alpinus — Uriage, etc.
Ochina sanguinicollis. — Lautaret.
Xyletinus pectinatus. — Bourg-d'Oisans.
Cis nitidus. — Grande-Chartreuse.
Pandarus tristis. — Bourg-d'Oisans.

Boletophagus { *reticulatus* LINN. — Grande-Chartreuse.
{ *crenatus* FAB.

Oplocephala hæmorrhoidalis. — Grande-Chartreuse.

Prionychus ater. — Grenoble, bords du Drac.

Pyrochroa coccinea. — Grande-Chartreuse.

Notoxus major. — Bourg-d'Oisans.

    cornutus. — Id.

Mylabris variabilis. — Id.

OEdemera tristis. — Grande-Chartreuse.

Anoncodes adusta. — Id.

Apion meliloti. — Grenoble, bords du Drac.

Sciaphilus viridis (1). — Id.

Chlorophanus salicicola. — Id., Bourg-d'Oisans.

    viridis. — Bourg-d'Oisans.

Gronops lunatus. — Id.

Liophlœus Herbstii. — Grande-Chartreuse.

    pulverulentus. — Id.

    ovipennis nov. spec. (2). — Id.

(1) Cette espèce n'a pas encore été signalée en France, à notre connaissance.

(2) *Liophlœus ovipennis* L. FAIRMAIRE. — Longueur 9 mill. — Oblongus, niger, squamositate sat densa cinereo-metallica tectus, capite, rostro prothoraceque dense rugulosis; capite inter oculos foveola signato; rostro crasso, apice latiore et triangulariter impresso, medio vix perspicue carinulato; antennis nigris, clava fusco-picea, sericea; prothorace lateribus rotundato longitudine dimidio latiore, antice paulo quam postice angustiore, rugoso, medio linea subelevata, postice abbreviata; scutello parvo, angusto, triangulari; elytris breviter ovatis, antice prothoracis basi parum latioribus, medio ampliatis, convexis, sat fortiter punctato-lineatis, interstitiis planis, tenuissime alutaceis, femoribus clavatis, angulatis, anticis fere dentatis, tibiis haud arcuatis. — Grande-Chartreuse (*L. Fairmaire*).

Barynotus mœrens. — Grande-Chartreuse.

Tropiphorus mercurialis. — Bourg-d'Oisans.

Molytes germanus. — Grande-Chartreuse.

Leiosomus ovatulus. — Id.

Phyllobius calcaratus. — Id.

        atrovirens. — Id.

        psittacinus. — St-Nizier.

Peritelus mus. — Grande-Chartreuse.

Phytonomus globosus nov. spec. (1). — Lautaret.

Otiorhynchus niger. — Grande-Chartreuse.

        fuscipes. — Id.

        tenebricosus. — Id.

        armadillo. — Id.

        unicolor. — Id.

Obs. Il paraît voisin du *L. lentus*, mais, chez cette dernière espèce, le rostre est canaliculé à la base, le corselet presque deux fois aussi large que long, avec une impression transversale en avant, sans ligne élevée médiane, et les élytres ont des stries ponctuées fines ; elles sont plus courtes que chez le *L. nubilus.*

(1) *Phytonomus globosus* L. FAIRM. — Long. 7 à 8 mill. — Subovatus, niger, squamulis fuscis griseisque tectus, antennis rufopiceis, rostro crasso, arcuato, sat acute carinato, prothorace lateribus valdè rotundatis, basi rectis, dense ruguloso, medio sæpius linea elevata, parum distincta ; elytris ovatis, sat fortiter punctato-striatis, interstitiis leviter convexis, cinereo tessellatis, femoribus clavatis. — Lautaret (*Bellevoye*) ; se retrouve aussi dans la Lozère, à Hyères, etc. — Voisin du *P. salviæ,* en diffère par le rostre caréné, bien plus allongé, le corselet plus arrondi sur les côtés, non sillonné à la base, et les élytres moins courtes, moins fortement striées.

Obs. Cette espèce n'a jamais, que nous sachions, été décrite, nous lui maintenons le nom qu'elle porte dans la collection de M. Chevrolat.

Otiorhynchus ebeninus. — Grande-Chartreuse.

     hirticornis. — Bourg-d'Oisans.

     porcatus. — Grande-Chartreuse.

Grypidius equiseti. — Bourg-d'Oisans.

Orchestes sparsus. — Id.

Cionus ungulatus. — Id.

Gymnetron campanulæ (larve). — Grande-Chartreuse.

Xyloterus domesticus. — Id.

Scolytus villosus. — Id.

Rosalia alpina. — Id.

Criomorphus \{ *castaneus* LINN. — Bourg-d'Oisans.

     \{ *aulicus* FAB.

Clytus mysticus. — Id.

Molorchus minor. — Grande-Chartreuse.

Parmena Solieri. — Uriage.

Acanthoderes varius. — Grande-Chartreuse.

Astynomus griseus (1). — Id., Bourg-d'Oisans.

Leiopus nebulosus. — Bourg-d'Oisans.

Pogonocherus fascicularis. — Grande-Chartreuse.

Agapanthia angusticollis. — Id.

Saperda scalaris. — Id.

     punctata. — Id., chemin de Fourvoirie.

Rhagium indagator. — Grande-Chartreuse.

Pachyta interrogationis. — Lautaret.

     8-maculata. — Gr.-Chartreuse, Prémolles.

     virginea et var. corselet rouge. — Gr.-Chartreuse.

Strangalia aurulenta. — Id.

(1) M. Kraatz a pris un insecte de cette espèce dans la grande église des Chartreux.

Leptura { *testacea* LINN. — Grande-Chartreuse.
{ *rubrotestacea* FAB.
    maculicornis. — Id.
    rufipennis. — Id.
Anoplodera rufipes. — Bourg-d'Oisans.
Grammoptera levis. — Grande-Chartreuse.
Clythra cyanicornis. — Bourg-d'Oisans.
    longimana. — Grande-Chartreuse.
Cryptocephalus imperialis var. — Montagnes d'Huez.
    gracilis. — Sᵗ-Nizier, Grande-Chartreuse, Bourg-d'Oisans.
    bilineatus var. — Bourg-d'Oisans.
Chrysomela limbata. — Montagnes d'Huez.
    cacaliæ. — Grande-Chartreuse.
    senecionis. — Id.
    vittigera. — Id.
    pretiosa. — Id.
    nivalis. — Lautaret.
    speciosa. — Grande-Chartreuse.
Luperus viridipennis. — Lautaret.
Cassida languida. — Prémolles.
Harmonia impustulata. — Id.
Coccinella labilis. — Sᵗ-Nizier.
Endomychus coccineus. — Grande-Chartreuse.

ORTHOPTÈRES (1).

Forficula biguttata. — Très commune sur toutes les montagnes.
Decticus verrucivorus. — Grande-Chartreuse, très commun.
Stenebothrus viridulus. — Lautaret.
     bicolor. — Grande-Chartreuse.
     { *scalaris* FISCH. WALD. — Gr.-Chartreuse.
     { *melanopterus* BORCK.
     variegatus. — Sur toutes les montagnes.
     sibiricus (Gomphocerus). — Lautaret.
Pachytylus migratorius. — Bourg-d'Oisans.
OEdipoda cœrulans. — Id., Huez.

———

LÉPIDOPTÈRES (2).

Parnassius Apollo. — Sur toutes les montagnes.
     Phœbus. — Lautaret.
Pieris Callidice. — Sommet du Galibier.
Rhodocera Cleopatra. — Séchilienne et Bourg-d'Oisans.
Colias phicomone. — Lautaret.
     palœno. — Id.

(1) Cette liste a été dressée par M. Louis Brisout de Barneville, sur les quelques Orthoptères que j'avais rapportés. Je n'indiquerai point les insectes trop peu nombreux des autres ordres, ils ont été mentionnés dans le Rapport.

(2) Cette liste m'a été fournie par MM. Boisduval, Bruand d'Uzelle, E. Martin et P. Millière.

Polyommatus Eurydice. — St-Nizier, Lautaret, etc.

     virgaureæ. — Sur toutes les montagnes.

     Gordius. — Bourg-d'Oisans.

Lycæna Amyntas. — St-Nizier.

     optilete. — Villard-Eymond, Lautaret.

     Eumedon. — Id.

     orbitulus. — Id.

     Eros. — Lautaret.

     Pheretes. — Id.

     Donzelii (1). — Villard-Eymond.

     Damon (2). — Partout.

     Alcon. — Basses prairies.

Argynnis Niobe. — Prairies alpines.

     Amathusia. — Chartreuse de Prémolles.

     Daphne. — Id.

     Ino (3). — Partout, commune.

     Pales. — Extrêmement commune au Lautaret.

Melitæa cynthia. —Lautaret.

     didyma. — Bourg-d'Oisans.

Arge var. *procida.* — Sur toutes les montagnes.

     var. *leucomelas.* — Bords du Drac.

Erebia Cassiope. — Lautaret.

     Mnestra. — Villard-Eymond.

     Pyrrha. — Grande-Chartreuse.

(1) Pris par M. le docteur Boisduval, dans les localités où il avait découvert cette espèce il y a trente ans.

(2) Il volait par essaims sur toutes les montagnes, autour des places humides des chemins.

(3) J'ai rencontré à la Chartreuse de Prémolles, près Uriage, de belles ♀ de cette espèce d'une teinte violacée très foncée (E. Martin).

Erebia Ceto. — Lautaret.

    Stygne. — Grande-Chartreuse.

    Alecto. — Sommet du Galibier, Haut-Richard.

    Arachne. — Villard-Saint-Jean.

    ligea. — Grande-Chartreuse.

    Gorge var. *Erynnis.* — Galibier, Haut-Richard.

    Manto. — Id.

    dromus. — Sur toutes les montagnes.

Satyrus cordula. — St-Nizier et Bourg-d'Oisans.

    Hermione var. *Alcyone.* — Prairies un peu élevées.

    Eudora (1). — Bourg-d'Oisans.

    Pasiphae. — St-Nizier.

    hiera. — Montagnes d'Huez.

    Iphis. — Lautaret.

Syrichtus altheæ. — Id.

    lavateræ (2). — Bourg-d'Oisans.

    serratulæ. — Lautaret.

Deilephila lineata (chenille). — Grenoble, bords du Drac.

    hippophaes (3). — Id.

Zygæna Erythrus (4). — Bords du Drac, St-Nizier, etc.

(1) J'ai pris au Bourg-d'Oisans, près de la cascade, des individus de cette espèce, d'une fort grande taille et très caractérisés en dessous. Le type est remarquable (E. Martin).

(2) Cette jolie espèce était assez commune au Bourg-d'Oisans, près de la cascade (E. Martin).

(3) La chenille de cette espèce était commune sur les bords du Drac, où l'arbrisseau qui la nourrit est très abondant, M. Daube en prit un grand nombre.

(4) Assez commune sur les bords du Drac, à Saint-Nizier et à la Chartreuse de Prémolles. Le type est dans l'Isère, de fort belle taille (Docteur Boisduval et E. Martin).

Zygœna Minos (1). — Partout, commune.

    Sarpedon. — Bords du Drac, St-Nizier.

    exulans (2). — Lautaret.

    Charon. — Bourg-d'Oisans.

    hilaris. — Grenoble, bords du Drac.

Procris infausta. — Bourg-d'Oisans.

Heterogynis penella. — Lautaret.

Lithosia luteola. — Prairies alpines.

    vitellina. — Grande-Chartreuse.

Setina ramosa. — Villard-Eymond, Lautaret.

Naclia ancilla. — Bourg-d'Oisans.

    punctata. — Id.

Nudaria mundana. — Rochers de la Gr.-Chartreuse.

Callimorpha dominula (3). — Grande-Chartreuse.

(1) Nous prîmes, avec M. E. Martin, au Bourg-d'Oisans, au-dessus de la cascade, sur les lavandes, un joli type de cette espèce, qui ressemble beaucoup, pour la disposition des taches *sécuriformes*, qui sont très amincies et étroites, à la *Zyg. scabiosœ*, mais qui s'en distingue facilement par les antennes.

(2) Excessivement commune au Lautaret, surtout près de l'hospice, où il était impossible de marcher sans en voir un grand nombre. J'ai pu observer plusieurs fois sur cette espèce, deux mâles accouplés en apparence à une femelle. Un seul, bien entendu, l'était réellement, le second avait l'extrémité de son abdomen fixée, tantôt sur le corps de la femelle, tantôt sur celui du premier mâle.

J'ai pris une magnifique aberration de cette *Zygène* avec les points et les ailes inférieures d'un beau jaune (E. Martin).

(3) Je ne cite cette espèce commune que parce qu'elle a été trouvée au-dessus du monastère de la Grande-Chartreuse, a plus de 2,000 mètres de hauteur.

Nemeophila plantaginis. — Lautaret.
     var. *hospita.* — Id.
Arctia luctifera (chenille). — St-Nizier.
     sordida (1). — Route de La Grave.
Hepialus humuli. — Lautaret.
Typhonia lugubris. — Pariset.
Psyche nitidella. — Grande-Chartreuse.
     albida (fourreaux). — Contre les rochers.
     febretta (id.). — Id.
Bryophila glandifera. — Vizille.
Apamea captiuncula (2). — Grande-Chartreuse.
Noctua candelisequa (3). — Lautaret.
Erastria candidula. — Environs de Grenoble.
Agrotis (*renigera* HUBN. — Grande-Chartreuse.
     (*Polia dumosa* DONZ. (4).
Plusia circumflexa. — Grenoble, bords du Drac.

(1) La chenille fut trouvée plusieurs fois par des coléoptéristes, sous les pierres de la route du Bourg-d'Oisans à La Grave (E. Martin).

(2) Deux exemplaires de cette rare espèce ont été pris, l'un dans le Couvent même et l'autre contre les rochers qui bordent le chemin de la Grande-Chartreuse, par M. P. Millière.

(3) J'avais pris autour du saut du Doubs, il y a seize ou dix-huit ans, cette *Noctuelle* que l'Index de M. le docteur Boisduval et le catalogue de Duponchel indiquent comme provenant d'Autriche et du Valais. Elle figure au catalogue du Doubs, sous le n° 329 (Bruand d'Uzelle).

(4) C'est en revenant de la Chartreuse à Grenoble, que M. E. Martin a pris près du village du Sappey cette rare espèce que M. Guénée a retiré des *Polia* pour la placer dans le genre *Agrotis*.

Catocala pellex. — Bourg-d'Oisans.

Grammodes geometrica. — Bords du Drac, St-Nizier.

Metrocampa margaritata. — Grande-Chartreuse.

Nychiodes lividaria. — Citadelle de Grenoble.

Boarmia abietaria. — Grande-Chartreuse.

Gnophos furvata. — St-Nizier et bords du Drac.

       ophtalmicata (1). — St-Nizier et La Grave.

       { *pullata* (2). — Grande-Chartreuse.

       { *impectinata* GUÉN. olim.

       glaucinata. — Lautaret.

       var. *citrinata* BRUAND. — Gr.-Chartreuse.

Dasydia obfuscata. — Lautaret.

Psodos trepidaria. — Id.

Pygmœna venetaria. — Id.

Acidalia confinata H.-S. (3); GUÉNÉE, tome IX. p. 389.

       moniliata (4). — Bords du Drac.

       mutata (5). — Contre les rochers.

(1) Trouvée contre les rochers de Saint-Nizier, par M. P. Millière, et à La Grave, par M. Guénée.

(2) Nous avons pris à la Chartreuse, appliqué contre les rochers, un grand nombre d'individus de cette belle et peu commune *Gnophos* ; le type est très clair et se rapproche beaucoup de la *Gnoph. canitiaria* GUÉNÉE (P. Millière et E. Martin).

(3) A l'entrée du désert. Nouvelle pour la Faune française (P. Millière).

(4) Cette petite *Acidalie* était assez commune sur les bords du Drac, près de Grenoble (E. Martin) ; elle était rare sur les rochers, près de l'entrée du désert (P. Millière).

(5) Prise à Saint-Nizier et à la Chartreuse, par M. P. Millière ; elle était commune.

Acidalia strigaria (1). — Prés de la Gr.-Chartreuse.

    filicata. — Grenoble et Bourg-d'Oisans.

    contiguaria. — Pariset.

    submutata (2). — Sᵗ-Nizier.

    flaveolaria. — Sᵗ-Nizier et Lautaret.

    rufaria. — Sᵗ-Nizier, Gr.-Chartr., Bourg-d'Oisans.

) *perochraria* **Freyer.** — Grande-Chartreuse.

    (*ochrearia* **Bdv.** Ind.

    politaria. — Bords du Drac.

    suffusata. — Sᵗ-Nizier.

    comparia **Her.-Sch.** (3). — Gr.-Chartreuse.

    argilata **Guénée** (4). — Bords du Drac.

Stegania permutaria var. *commutaria.* — Grenoble.

(1) Rare (P. Millière).

(2) Prise à l'entrée de la grotte de Pariset (P. Millière).

(3) Cette petite espèce du groupe de l'*herbariata* **Fab.**, n'était encore connue que de l'Asie-Mineure. M. Bellier l'a trouvée l'année dernière, dans les Pyrénées-Orientales ; c'est donc la seconde fois qu'elle est prise en Europe, elle est désormais acquise à notre Faune française. Je l'ai prise dans le monastère même de la Grande-Chartreuse (E. Martin).

(4) Cette espèce, encore peu connue, avait été décrite d'après un individu ♀ unique rapporté de la Lozère par M. Bellier de la Chavignerie. M. Delamarche et moi même, nous avons été assez heureux pour capturer quatre ♂ (E. Martin).

M. Lederer de Vienne auquel M. Bellier avait envoyé une de ces *Géomètres* la reconnut pour la véritable *pallidata* du **Wien. verzeichniss.** M. Guénée ayant reçu de M. E. Martin cette espèce en communication depuis la Session de Grenoble, lui affirma que c'était bien l'*argilata.* Après l'avis de ces entomologistes éminents il est difficile de se prononcer.

Cabera confinaria **FREY**. (1). — Prés de la Gr.-Chartreuse.

Aleucis pictaria. — Bourg–d'Oisans.

Halia Wavaria. — Huez.

Tephrina artesaria. — Bords du Drac.

Numeria capreolaria. — Grande-Chartreuse.

Fidonia atomaria (2). — Bords du Drac.

      moniliaria. — Id.

Cleogene { *lutearia* **FAB**. — Lautaret.

      { *tinctaria* **BDV**. Ind. 1411.

Aspilates calabraria. — Bourg-d'Oisans.

Larentia cæsiata. — Grande-Chartreuse et Prémolles.

      cyanata. — Grande-Chartreuse.

      infidata **DELAH**. (3). — Id.

      flavicinctata (4). — Id.

      tophaceata. — St-Nizier et Gr.-Chartreuse.

      { *larentiata* (5) **BRUAND**. — Grande-Chartreuse.

      { *Kollararia* **HERR.-SCH**.

      frustrata. — St-Nizier et Grande-Chartreuse.

(1) Très rare et nouvelle pour la Faune française (P. Millière).

(2) Je pris, au bord du Drac, une belle variété à large bordure brune autour des quatre ailes (E. Martin).

(3) Cette espèce a deux types bien distincts. J'ai trouvé à la Grande-Chartreuse des individus dont la bande transversale est d'un jaune safrané, tandis qu'à Prémolles, près Uriage, j'en ai pris un certain nombre à bandes d'un gris très foncé, que j'avais d'abord rapportés à tort à la *Lar. flavicinctata* HUBN. (E. Martin).

(4) Très commune partout à la Grande-Chartreuse, mais pas plus haut que le couvent (P. Millière).

(5) Voyez GUÉNÉE, Species général tome X, page 285. Rare, chemin de la Bergerie, dans les sapins (P. Millière).

Larentia aptata. — Partout, très commune.

    olivata. — St-Nizier et Grande-Chartreuse.

    turbata. — Grande-Chartreuse, sapins.

    { *aqueata* HUBN.—Route de B.-d'Oisans au Lautaret.
    { *lotaria* BDV. Ind. 1625.

Emmelesia { *alchemillata* LINN. — Grande-Chartreuse.
          { *rivularia* BDV. Ind. 1785.

Eupithecia semigraphata BRUAND (1); GUENÉE, X, 310. —
    Rochers de St-Nizier et de la Gr.-Chartreuse.

Thera variata. — Grande-Chartreuse.

Melanipe molluginata. — Id.

Anticlea sinuata. — Chartreuse de Prémolles.

    berberata. — Montagnes d'Huez.

Camptogramma scripturata. — Grande-Chartreuse.

    riguata. — St-Nizier.

Cidaria aptaria (2). — Id.

    silaceata W. v. — Roches de la Gr.-Chartreuse.

    capitata HERR.-SCH. — Id., très rare.

Anaitis præformata. — Sapins de la Gr.-Chartreuse.

    { *simpliciata* TREITS. — Lautaret.
    { *Magdalenaria* BELLIER.

Tanagra chærophillata. — Sur toutes les montagnes.

Botys sophialis (3). — Grande-Chartreuse.

    olivalis. — Id.

(1) Variété caractérisée par la coloration foncée (Bruand d'Uzelle et P. Millière).

(2) Type à peu près semblable à celui de la Franche-Comté (Bruand d'Uzelle).

(3) Type blanchâtre, tirant sur le bleu (Bruand d'Uzelle).

Pyrausta sanguinalis (1). — Bourg-d'Oisans.

Xylopoda pariana. — Grande-Chartreuse.

        scitulana. — Bourg-d'Oisans.

Tortrix dumicolana ZELL. (2). — St-Nizier.

        gallicolana HEYD. (3). — Id.

Sericoris Charpentiana HUBN. (4). — Id. et Gr.-Chartreuse.

Crambus { *pyramidellus* TREIT. (5). — Gr.-Chartr., Lautaret.

        { *adamantellus* GUÉNÉE.

Eudorea ingratella HER.-SCH. (6). — St-Nizier, Lautaret.

        ambiguella H.-SCH. 109 ou 108? — Lautaret.

        / *muranella* H.-S. — Grande-Chartreuse.

        { *parella* ZELLER.

        \ *trumicolella* STAINTON.

        frequentella (7). — Grande-Chartreuse.

        { *asphodeliella* MAN. — Bourg-d'Oisans.

        { *manifestella* HER.-SCH. 104?

        { *pyralella* HUBN. (8). — Bourg-d'Oisans.

        { *dubitella* ZELLER.

(1) Très commune au pied de la montagne d'Huez.

(2) Espèce non signalée en France jusqu'à ce jour, à ce que je crois (Bruand d'Uzelle); grotte de Pariset, sur des lierres (P. Millière).

(3) Peu rare dans la grotte de Pariset (Bruand d'Uzelle).

(4) Rare, bois de Hêtres de la Bergerie (P. Millière); à Saint-Nizier (E. Martin).

(5) Commun près de la Vacherie (P. Millière), et au Lautaret (Bruand d'Uzelle).

(6) Sapins de Saint-Nizier, rare (P. Millière).

(7) C'est une variété de *cratægella*, suivant Delaharpe (Bruand d'Uzelle).

(8) *Dubitella* de ZELLER paraît n'être qu'une variété de *pyralella*; du reste, il règne une telle incertitude, qu'HERRICH-SCHÆFFER

Anacampsis galbanella FREY. (1).— Sapins de la Gr.-Chartr.
Gelechia peliella. — St-Nizier.

     atticartusiella (2). — Grande-Chartreuse.
Lampros bractella LINN. — Sapins de la Gr.-Chartreuse.
Cochylis magnicitrana BRUAND (3). — Route de St-Nizier.
Tinea { *Cartusianella* BRUAND (4).—Rochers de la Gr.-Chartr.
    { var. de *fulvimitrella* SODOFFSKI (H.-S. 283 ?).
Coleophora { *Constantella* BRUAND (5). — St-Nizier.
    { non *Gelechia coronilella* TISCH.
    { *gallipenella* HUBN. non TISCH.

a cru devoir abandonner le nom de *pyralella*. C'est ici un des groupes que la Société entomologique devrait bien mettre à l'étude pour ses congrès (Bruand d'Uzelle).

(1) Espèce très commune en cet endroit et nouvelle pour la Faune française (P. Millière).

(2) Entre *pisticella* HEYD., et *marmorella* HAW., mais le fond des premières ailes entièrement noir. Cette *Gelechia* ressemble à la *Lita decora* STEPH., que j'ai désignée sous le nom de *marmoripennella*, et dont elle semblerait n'être qu'une variété sans taches jaunâtres au milieu du noir dans les ailes inférieures, qui sont de forme différente. C'est une *Gelechia* et non une *Lita* (Bruand d'Uzelle).

(3) Rare ; c'est la plus grande espèce de *Cochylis* (P. Millière).

(4) Voisine de *fulvimitrella*, mais les deux taches du bord bien plus larges, puis quatre ou cinq petits points blancs agglomérés à la côte près du tiers de la longueur et une autre tache dont le centre est marqué de noir près du sommet apical (Bruand d'Uzelle).

(5) Le nom de *coronilella* ayant été primitivement appliqué par TISCHER à une *Gelechia*, j'ai dû désigner cette *Coleophora* sous une autre dénomination ; j'ai choisi le nom de mon ami et collègue CONSTANT, lépidoptériste aussi zélé que consciencieux.

TREITSCHKE avait appliqué à cette Tinéide le nom de *gallipennella*, mais ce n'est pas l'espèce qu'avait nommée TISCHER antérieurement (H.-SCH., page 11). (Bruand d'Uzelle.)

Argyreithia { *spiniella* (1). — Bourg-d'Oisans.
{ *semitestaceella* CURT.
Pterophorus plagiodactyla FREY. — St-Nizier.
xanthodactylus ZELL. (2). — Gr.-Chartreuse.
{ *adactyla* (3). — Bourg-d'Oisans.
{ var. *Delphinensella* BRUAND.
megadactyla HUBN. (4). — Bourg-d'Oisans.
nemoralidactyla. — Id.
tristidactyla ZELL., HER.-SCH. — Id.
{ *paludidactyla.* — Id.
{ *paludum* ZELL., HER.-SCH.

(1) J'ai reçu d'Allemagne, comme *spiniella*, une *Argyreithia*
qui se rapporte exactement à celle-ci, mais ce n'est nullement celle
d'HERRICH-SCHÆFFER, figure 648. Elle se rapporterait au contraire
à sa figure 603, qu'il cite comme variété de *semitestaceella* CURTIS ;
j'ai reçu d'Angleterre, de mon ami M. Doubleday, sous le nom
de *semitestaceella*, l'espèce nommée *spiniella* par M. Lederer
(Bruand d'Uzelle).

(2) Commun près de la Chapelle de Notre-Dame (P. Millière).

(3) HERRICH-SCHÆFFER a fait six espèces des variétés d'*adactyla*
(*paralia, tamaricis, meridionalis, Heydenii, Frankeniæ* et *adac-*
tyla) ; on pourrait en faire une septième avec cette variété ci, que
j'ai désignée sous le nom de *Delphinensella*, et qui est plus foncée
que toutes celles qu'il a figurées. Elle se rapproche beaucoup de la
figure de DUPONCHEL (Bruand d'Uzelle).

(4) Dont *gonodactyla* Ev., paraît être une variété plus brune
(Bruand d'Uzelle).

PLANTES

Recueillies ou observées pendant la session extraordinaire,
dans l'Isère et les Hautes-Alpes.

—

Nous pouvons vous offrir une corbeille de fleurs alpines extraites des boîtes à herborisation de plusieurs collègues qui cultivent à la fois la Botanique et l'Entomologie. Notre Président, qui visitait les Alpes pour la cinquième fois, nous a fourni la majeure partie des renseignements et les plus précieuses indications. Cet aperçu vous donnera une idée des richesses botaniques que nous avons observées.

Je diviserai cette corbeille en bouquets séparés de Saint-Nizier, de la Grande-Chartreuse, de Bourg-d'Oisans et du Lautaret :

BOUQUET ALPESTRE DE SAINT-NIZIER DE PARISET (1).

Anemone alpina.

Ranunculus Seguieri.

    — montanus.

Trollius europæus.

Biscutella lævigata.

Polygala chamæbuxus.

Dianthus sylvestris.

Silene quadridentata.

Mœhringia muscosa.

Geranium sylvaticum.

    — pratense.

Ononis minutissima.

Astragalus aristatus.

Dryas octopetala.

(1) Il a été composé uniquement des plantes recueillies depuis la montée de Pariset jusqu'au haut de Saint-Nizier. Lorsque nous ferons un nouveau Bouquet, nous ne parlerons plus des mêmes espèces que nous avons retrouvées dans beaucoup d'autres lieux à la même élévation.

Valeriana tripteris.
Scabiosa alpina.
Sonchus alpinus.
Centaurea crupina.
— paniculata.
Aster amellus.
Achillæa tomentosa.
Vaccinium vitis idœa.
Arbutus uva ursi.
Pyrola media.
— chlorantha.
— secunda.
Gentiana acaulis var. angustifolia.
— verna.
Verbascum chaixi.
Linaria alpina.
Veronica saxatilis.
— urticæfolia.
Euphrasia lutea.

Thymus alpinus.
Scutellaria alpina.
Globularia nudicaulis.
— cordifolia.
Polygonum alpinum.
Salix arenaria.
Orchis pallens.
— sambncina.
Allium narcissiflorum.
— victoriale.
Luzula nivea.
Phalaris alpina.
Avena pubescens.
Lycopodium selago.
Asplenium Halleri.
— viride.
Cœnopteris fragilis.
Polypodium calcareum.

BOUQUET DE LA GRANDE-CHARTREUSE (1).

Thalictrum alpinum.
Aconitum paniculatum.
— anthora.
Arabis serpyllifolia.
Cardamine thalictroides.
Dentaria digitata.
— pinnata.
Viola biflora.

Saponaria ocymoides.
Dianthus cœsius.
Silene acaulis.
— exscapa.
Arenaria ciliata.
Geranium phæum.
Anthyllis montana.
Spiræa aruncus.

(1) Plantes récoltées depuis Saint-Laurent-du-Pont jusqu'à la Grande-Chartreuse, ainsi que dans les prairies et les montagnes qui environnent le Monastère.

Potentilla caulescens.
— nitida.
Sedum rhodiola.
— atratum.
Saxifraga moschata.
— aizooides.
— oppositifolia.
Astrantia minor.
Athamanta cretensis.
— Mathioli.
Lonicera cœrulea.
Vaerliana montana.
Scabiosa sylvatica.
Prenanthes purpurea.
— tenuifolia.
Leontodon montanum.
Centaurea phrygia.
Carduus personatus.
Cirsium spinosissimum.
Aster alpinus.
Senecio doronicum.
Arnica scorpioides.
Achillæa macrophylla.
Campanula thyrsoidea.
— rhomboidalis.
— latifolia.
Vaccinium uliginosum.
Pyrola rotundifolia.
Gentiana dunctata.
Veronica aphylla.
— saxatilis.
— bellidioides.

Bartsia alpina.
Pedicularis giroflexa.
— folisoa.
Betonica alopecuros.
Primula auricula.
— integrifolia.
Polygonum viviparum.
Rumex arifolius.
— patientia.
Daphne alpina.
Salix retusa.
Orchis globosa.
Nigritella angustifolia.
Chamorchis alpina.
Lilium martagon.
Anthericum liliastrum.
Toffieldia palustris.
Luzula spicata.
Carex montana.
Lycopodium complanatum.
Botrychium lunaria.
Asplenium fontanum.
Cœnopteris regia.
— montana.
— alpina.
Polypodium phægopteris.
— lonchitis.
— Rhæticum.
Polystichum aculeatum (vrai).
— rigidum.
— oreopteris.
Pteris crispa.

Bouquet du Bourg-d'Oisans (1).

Thalictrum fœtidum.
— angustifolium.
Anemone vernalis.
Ranunculus alpestris.
— Villarsii.
— thora.
Erysimum strictissimum.
Arabis Halleri.
Cardamine resedifolia.
— asarifolia.
Biscutella auriculata.
Vesicaria utriculosa.
Iberis nana.
Viola Valderia.
— montana.
Stellaria cerastoides.
Cherleria sedoides.
Arenaria Austriaca.
— Gerardi.
Geranium aconitifolium.
— argenteum.
Ononis fruticosa.
Trifolium saxatile.
— alpestre.
Oxytropis pilosa.
Astragalus vesiculosus.
— onobrychis.

Potentilla grandiflora.
— rupestris.
Geum reptans.
Sibbaldia procumbens.
Paronychia serpyllifolia.
Herniaria incana.
— alpina.
Sedum anacampseros.
Sempervivum montanum.
— arachnoideum.
Saxifraga cuneifolia.
— muscoides.
— exarata.
Buplevrum longifolium.
— stellatum.
Selinum Austriacum.
Laserpitium hirsutum.
Ligusticum apioides.
— mutellinum.
Imperatoria montana.
Lonicera alpigena.
Centranthus angustifolius.
Eryngium spina alba.
Sonchus Plumieri.
Hieracium aurantiacum.
— cymosum.
— collinum.

(4) Plantes recueillies depuis Séchilienne jusqu'au Bourg-d'Oisans, et particulièrement dans les montagnes de Villard-Eymond, Villard-Saint-Jean, etc. On ne saurait trop recommander ces précieuses localités.

Hieracium piloselloides.
— fallax.
— cerinthoides.
— prunellæfolium.
Serratula rhaponticum.
Tussilago nivea.
Gnaphalium leontopodium.
Artemisia Bocconi.
Inula Vaillantii.
— verbascifolia.
Senecio uniflorus.
— doria.
Achillæa moschata.
Phyteuma pauciflora.
— Charmelii.
Pyrola uniflora.
Azalea procumbens.
Veronica Allionii.
Lavandula spica.

Pinguicula alpina.
Betonica hirsuta.
Primula viscosa.
Androsace lactea.
Orchis incarnata.
— albida.
Goodyera repens.
Corallorhiza Halleri.
Carex leporina.
Festuca spadicea.
— violacea.
— pumila.
Poa miliacea.
Lycopodium selaginoides.
— alpinum.
Asplenium septentrionale.
— Breynii.
Woodsia hyperborea.

BOUQUET DU LAUTARET (1).

Thalictrum aquilegifolium.
Anemone Halleri.
— Baldensis.
— narcissiflora.
Ranunculus rutæfolius.
— parnassiæfolius.
— glacialis.
Aquilegia alpina.
— viscosa.
Brassica Richeri.

Erysimum ochroleucum.
— repandum.
Sisymbrium tanacetifolium.
— acutangulum.
Arabis bellidifolia.
— cœrulea.
Draba stellata.
— nivalis.
Dianthus atrorubens.
— neglectus.

(1) Formé de plantes recueillies dans les prairies qui entourent l'Hospice et sur les montagnes, jusqu'aux Glaciers.

Lychnis alpina.
Arenaria biflora.
— liniflora.
— recurva.
Geranium nodosum.
Ononis rotundifolia.
Trifolium alpinum.
Phaca alpina.
— frigida.
— australis.
Oxytropis fœtida.
Potentilla sabauda.
— frigida.
Geum montanum.
Alchemilla pentaphylla.
Sedum repens.
Saxifraga bryoides.
— biflora.
— retusa.
Buplevrum ranunculoides.
Selinum palustre.
Laserpitium simplex.
Ligusticum meum.
Valeriana Celtica.
— saliunca.
Scabiosa graminifolia.
Hieracium alpinum.
— glabratum.
— Halleri.
— villosum.
— lanatum.
— succisæfolium.
— albidum.
— grandiflorum.
— blattarioides.

Centaurea uniflora.
Carduus podacanthus.
Cirsium ambiguum.
Saussurea alpina.
— discolor.
Carlina acanthifolia.
Cacalia leucophylla.
Artemisia tanacetifolia.
— mutellina.
— glacialis.
Gnaphalium alpinum.
Senecio incanus.
Arnica bellidiastrum.
Achillæa nana.
Campanula barbata.
— spicata.
Phyteuma hemisphærica.
Empetrum nigrum.
Gentiana asclepiadea.
— alpina.
— Bavarica.
— Cenisia.
— nivalis.
— glacialis.
Swertia perennis.
Myosotis nana.
Pedicularis verticillata.
— incarnata.
— rostrata.
— tuberosa.
— comosa.
Dracocephalus Ruyschianus.
Primula farinosa.
Androsace chamœjasme.
Aretia vitaliana.

Aretia Helvetica.
— alpina.
— pubescens.
Soldanella Clusii.
Salix herbacea.
Nigritella suaveolens.
Narcissus nivalis, n. s.?
Ornithogalum fistulosum.
Allium schœnoprasum.
Juncus alpinus.
Luzula flavescens.

Schœnus ferrugineus.
Kobresia scirpina.
Carex rupestris.
— curvula
— spadicea.
Phleum Gerardi.
Agrostis filiformis.
Avena distichophylla.
— setacea.
Festuca alpina.
— Halleri.

HISTOIRE DES MÉTAMORPHOSES

DU

GYMNETRON CAMPANULÆ.

Pendant les derniers jours passés à la Grande-Chartreuse, j'avais remarqué et recueilli des pieds de *Campanula rhomboidalis* dont les fleurs étaient déformées, comme boursouflées à leur partie inférieure. La figure 1 de la planche rend cette disposition, elle me dispensera d'une description minutieuse. L'ovaire de la fleur est hypertrophié, gonflé sur un des côtés. Quand on le fend avec précaution, on y trouve une loge habitée par une larve ou une nymphe de *Curculionite*. Cette excroissance est une *galle* produite par le séjour de l'insecte parasite. Il n'existe point de graines dans la partie occupée de l'ovaire, mais on en trouve le plus souvent dans le point opposé à la loge de la larve.

J'avais emporté à Paris un grand nombre de tiges gallifères de cette *Campanula*. Les unes étaient mises dans des tubes de verre de manière à être conservées fraîches aussi longtemps que possible, les autres avaient été déposées simplement dans des boîtes de carton à couvercle vitré. Les premières n'ont rien produit; leurs habitants sont morts, tandis que les secondes m'ont fourni leur insecte parfait pendant le séjour que j'ai été obligé de faire au Havre, au mois d'août et de septembre.

Les insectes éclos ont vécu longtemps (1). Ils appartiennent à une espèce Linnéenne, au *Gymnetron campanulæ*. Le mâle est remarquable par les deux pointes terminant l'abdomen, et la nymphe présente également ces deux appendices.

§ Ier. *Larve*. (Voyez fig. 2 à 4.)

LARVE blanchâtre, molle, courbée en arc, composée de douze segments, la tête non comprise, pourvue de pseudopodes ou de mamelons thoraciques.

Tête roussâtre ou brunâtre, luisante, lisse, presque cornée, avec quelques poils fins. Un sillon bien marqué en arrière, se divise en avant en forme d'Y, dont les branches se rendent près des mandibules.

Antennes extrêmement petites, paraissant composées de deux articles (fig. 3).

Labre un peu arrondi en avant, cilié; épistôme presque droit.

Mandibules noirâtres, fortes, bidentées à l'extrémité.

Mâchoires à lobe interne arrondi au sommet, muni, en dedans, de poils raides ou en dent de peigne; palpes biarticulés.

Lèvre consistant en un mamelon arrondi à l'extrémité; charnue, soudée au menton, qui est également charnu, formant avec lui un triangle dont les angles antérieurs sont

(1) Un de ces insectes ne s'est développé entièrement qu'à l'automne, et il est encore vivant au moment où l'on imprime ces lignes (mars 1859); il y a, par conséquent, des éclosions tardives et plusieurs de ces *Gymnetron* doivent hiverner.

arrondis; prolongée entre les palpes labiaux, qui sont très petits et composés de deux articles.

Segments thoraciques n'étant pas plus grands que les abdominaux; le premier, ou prothoracique, portant en dessus une double tache noirâtre transversale, et, en dessous, une paire de mamelons rétractiles, de pseudopodes rapprochés. Ils consistent en une surface circulaire, légèrement brunâtre, à centre plus clair et pourvue de quelques poils. Entre les deux pseudopodes du prothorax, on remarque deux points noirâtres et un autre point des deux côtés entre chaque pseudopode et le stigmate (fig. 4, s). Les deuxième et troisième segments thoraciques ont en dessous une paire pareille de pseudopodes, mais plus écartés, et l'ensemble de ces mamelons forme un fer à cheval (Voy. fig. 4).

Segments abdominaux ridés en travers, les derniers moins épais; une double série de bourrelets le long des flancs; un petit mamelon anal, rétractile. A peine existe-t-il quelques poils fins le long du corps, mais la surface tégumentaire, vue au microscope, est chagrinée, couverte de petites aspérités.

Stigmates au nombre de neuf paires : la première paire est située au bord postérieur du prothorax, elle est plus grande, légèrement ovalaire et placée plus bas que les paires abdominales qui se trouvent sur les quatrième, cinquième, sixième, septième, huitième, neuvième, dixième et onzième segments. La forme de ces derniers stigmates est à peu près arrondie.

Le point le plus intéressant de la configuration de cette larve consiste dans l'existence des mamelons sous-thoraciques, rétractiles, pouvant être comparés à des pseudopodes (fig. 4). Mon cher et savant ami M. Edouard Perris en a mentionné d'analogues chez la larve du *Tomicus stenographus* (*Ann. Soc. Ent. France*, 1856, 176); Héeger les a observés et figurés pour la larve de l'*Apion basicorne* ILLIGER (*Sitzungsb. der K. Acad. d. Wissenschaften math.-naturw. Classe*, XXIV Band, 2 Heft, 1857). On devine facilement la présence de ces mêmes organes sur les figures de plusieurs larves xylophages dans les *Forstinsecten* de Ratzeburg.

§ II. *Nymphe*. (Voy. fig. 5 à 7.)

NYMPHE blanchâtre peu après la transformation, devenant plus tard brunâtre avec un reflet d'un vert bronzé ; courte, voûtée sur le dos et l'abdomen, ce dernier terminé par deux saillies épineuses, recourbées en arrière, plus ou moins marquées et un peu convergentes. Quelques poils blanchâtres ou roussâtres sur la surface du corps et à l'extrémité des cuisses. Tête fortement fléchie, fourreau du bec arqué. Extrémité du dernier segment abdominal un peu bombée en avant, comme tuberculeuse et pourvue en arrière de deux appendices (fig. 5, 6 et 7).

La surface du tégument est finement chagrinée, les bords des segments ont de petites aspérités dirigées en arrière. Je ne sais si toutes les nymphes ont les saillies aussi fortes que celles que j'ai représentées, et qui, peut-être, appartenaient à des nymphes mâles.

Le *Gymnetron campanulæ* paraît rester quinze ou vingt jours à l'état de nymphe, mais, après sa dernière transformation, il demeure dans sa cellule jusqu'à ce que ses téguments soient raffermis ; alors il pratique avec ses mandibules un trou assez nettement arrondi, par lequel il s'échappe de sa prison (Voy. fig. 1).

§ III. *Insecte parfait.*

Gymnetron campanulæ Linné, Syst. Nat. I, II, pag. 607, 7 (Curculio).

Schoenherr, Curcul. IV, 773.

Subovatus, niger, subdepressus, pilis brevibus cinereo-albidis adspersus, elytrorum seriatis; rostro elongato tenui; elytris punctato-subsulcatis; femoribus omnibus muticis; ano apice foveolato, maris bidentato. — Gyll.

Le mâle est très remarquable par les deux saillies épineuses qui terminent l'abdomen.

Explication des figures de la planche.

Fig. **1.** Tige de *Campanula rhomboidalis* portant à droite des fleurs normales, et, sur la gauche, des fleurs à ovaire gallifère ; celle de ces dernières, qui est à la base, est percée d'un trou pratiqué par l'insecte parfait pour sa sortie.

2. Larve grossie du *Gymnetron campanulæ* et à côté d'elle mesure de sa grandeur naturelle.

3. Antenne très grossie de cette larve.

4. La même larve, très grossie, vue par sa partie antérieure pour montrer les six pseudopodes thoraciques.— *s.* Stigmate prothoracique.

5. Nymphe grossie du même insecte vue par sa face
   antérieure et à côté d'elle mesure de sa grandeur naturelle.

6. Cette nymphe vue de profil.

7. Dernier segment abdominal très grossi et vu par la
   face postérieure, pour mettre en évidence les
   deux appendices terminaux.

La Société publie chaque année un volume d'Annales composé de
60 à 80 feuilles d'impression et de 16 à 24 planches, dont moitié
environ sont coloriées. Le volume des Annales est divisé en quatre
cahiers qui paraissent un ou deux mois après le trimestre auquel ils
correspondent. Chaque cahier est partagé en deux parties : la première comprenant les mémoires des membres et la seconde le
Bulletin entomologique, qui renferme lui-même les procès-verbaux
des séances ainsi que les communications verbales faites à la
Société.

Le Bureau se compose, pour 1859, de : MM. *C. Duméril*, Président honoraire ; *J. Bigot*, Président ; docteur *Al. Laboulbène*,
1ᵉʳ Vice-Président ; docteur *V. Signoret*, 2ᵉ Vice-Président ; *E.
Desmarest*, Secrétaire ; *H. Lucas*, Secrétaire-Adjoint ; *L. Buquet*,
Trésorier ; *L. Fairmaire*, Trésorier-Adjoint ; *A. Doüé*, Archiviste ;
docteur *C. Coquerel*, Archiviste-Adjoint.—La Commission de publi-
cation, chargée spécialement de réunir les matériaux qui doivent
entrer dans les Annales, est formée des membres du Bureau et
de MM. *Amyot*, docteur *Boisduval*, docteur *Le Maout*, *L. Reiche*
et *J. Thomson*.

La Société tient annuellement deux Congrès : l'un à Paris, le
mercredi qui suit Pâques, et l'autre en province dans le courant des
mois de juin ou de juillet.

EXTRAIT DU RÈGLEMENT.

DE

LA SOCIÉTÉ ENTOMOLOGIQUE DE FRANCE.

Année 1859. — 28ᵉ de sa fondation.

Tout entomologiste qui désire être admis dans la Société doit être
présenté par un de ses membres. Le Bureau, sur cette présentation,
nomme deux commissaires pour faire un rapport qui doit être lu
dans la séance suivante. — Après cette lecture, la Société se prononce au scrutin secret et à la majorité absolue des membres présents sur les conclusions des rapporteurs.

Le nombre des membres de la Société est illimité ; les Français
et les Etrangers peuvent également en faire partie. — Le nombre
actuel des membres est d'environ trois cents.

Le montant de la cotisation, pour les membres de la Société, est, par an, de :

24 fr. pour les membres résidant à Paris.

26 fr. pour les membres résidant en France et à l'étranger.

Les membres *résidants* paient leur cotisation d'avance et par trimestre.

Les membres *non résidants* doivent faire parvenir la leur au Trésorier de la Société, *sans frais, immédiatement après l'annonce de leur nomination*, et, pour les années suivantes, *dans le courant du mois de Janvier*.

Les membres de la Société ne reçoivent leurs *Annales* que *par la Société*. Les numéros auxquels ils ont droit sont envoyés francs de port *jusqu'à résidence:*

Aux membres de Paris, après réception du trimestre correspondant à celui du numéro paraissant ;

Aux membres hors Paris, après réception de leur cotisation de l'année courante :

Et francs de port jusqu'à la frontière, aux membres étrangers, également après réception de leur cotisation de l'année courante.

La Société correspond par l'entremise de son *Secrétaire*, de son *Trésorier* et de son *Archiviste*. Le premier a dans ses attributions la correspondance scientifique ; le second, celle qui concerne le recouvrement des cotisations et l'envoi des numéros des *Annales*, et le dernier ce qui regarde la bibliothèque. Les lettres et paquets doivent être adressés, *francs de port*, à M. E. DESMAREST, *Secrétaire*, rue Sainte-Catherine d'Enfer, 6 ; à M. L. BUQUET, *Trésorier*, rue Hautefeuille, 19; et à M. DOÜÉ, *Archiviste*, rue Hautefeuille, 19, à Paris.

Nota. Pour ne pas éprouver de retard dans l'envoi de leurs *Annales*, il est essentiel que MM. les Membres *français* et *étrangers* adressent, *le 1er Janvier de chaque année*, le montant de leur cotisation au Trésorier de la Société ; les premiers par un *mandat sur la poste aux lettres ;* les *étrangers*, par la voie du commerce.

Chaque auteur d'un mémoire inséré dans les *Annales* (à l'exception du *Bulletin*) a droit gratuitement à un tirage à part de 15 exemplaires *(texte et planches noires)*. Au delà de ce nombre et jusqu'à 50 exemplaires, sauf l'autorisation de la Société pour en obtenir un plus grand nombre, le prix des tirages à part est de 5 cent. par feuille d'impression, 10 cent. par planche en noir, et 40 cent. par planche coloriée. L'auteur doit informer le Secrétaire ou le Trésorier de ses intentions en même temps qu'il envoie son travail, et solder les tirages à part aussitôt l'impression du mémoire.

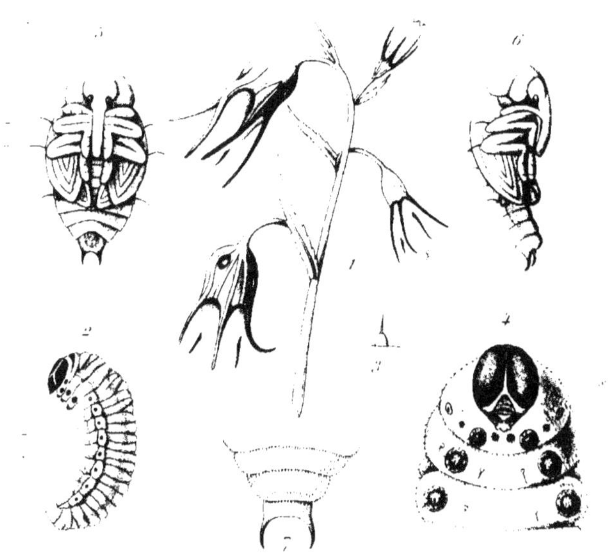

MÉTAMORPHOSES

DU GYMNETRON CAMPANULÆ